U0936753

国家中等职业教育示范学校创新教材

车削加工技术

Chexiao Jiagong Jishu

主 编 盛 聚 许春英 徐 军

副主编 王 蔚

人民交通出版社
China Communications Press

内 容 提 要

本书是国家中等职业教育示范学校创新教材之一，主要介绍金属切削的基础知识，工具、夹具、量具的使用以及常见典型零件的加工等内容，共分八个项目。本书为适应中等职业学校学生的特点，本着为企业服务的宗旨，将理论知识和实践操作内容融合在一起。

本书可作为中等职业学校机械类专业的教材，也可供相关行业的基本技能鉴定及中级技术工人等级考核使用。

图书在版编目(CIP)数据

车削加工技术 / 盛聚，许春英，徐军主编. —北京
：人民交通出版社，2011.6

ISBN 978-7-114-08950-3

Ⅰ. ①车… Ⅱ. ①盛… ②许…③徐… Ⅲ. ①车削
Ⅳ. ①TG51

中国版本图书馆 CIP 数据核字(2011)第 038731 号

国家中等职业教育示范学校创新教材

书　　名：车削加工技术
著 作 者：盛　聚　许春英　徐　军
责任编辑：钟　伟
出版发行：人民交通出版社股份有限公司
地　　址：(100011) 北京市朝阳区安定门外外馆斜街 3 号
网　　址：http://www.ccpress.com.cn
销售电话：(010) 59757973
总 经 销：人民交通出版社股份有限公司发行部
经　　销：各地新华书店
印　　刷：北京市密东印刷有限公司
开　　本：787×1092　1/16
印　　张：12.25
字　　数：277 千
版　　次：2011 年 6 月　第 1 版
印　　次：2017 年 7 月　第 3 次印刷
书　　号：ISBN 978-7-114- 08950-3
定　　价：25.00 元
（有印刷、装订质量问题的图书由本社负责调换）

前言

随着东北老工业基地经济的振兴和中等职业教育改革的不断深入,机加工行业对技术工人提出了更高的标准,对中职专业课教学提出了更高的要求。为此我们结合职业学校学生的特点,力求满足企业的用人要求,特编写本书。

本书突出了以下几个方面的特点:

1. 具有针对性。针对学生的自身情况,针对企业的用人要求,以加强学生的理论基础和操作能力的培养为宗旨,使学生能够走出校门尽快适应企业的需要,成为企业的顶用人才。

2. 突出实践性。按项目进行教学,按任务执行教学。项目一、项目二的任务完成是以教学演示形式进行的,通过创设教学情境,完成教学目标。其他项目均是以学生操作练习形式进行的,教师给出具体任务,指导学生完成。

3. 增强直观性。本书图文并茂,通俗易懂,加强了学生对一些知识的感官认识,使学习内容变得更为直观、简单,同时也可提高学生的学习兴趣和学习热情。

通过本课程的学习,要求学生能初步掌握车削加工过程的基本规律和相关知识,能独立选择刀具、夹具、量具及切削参数,同时可对轴、套类零件及螺纹进行加工,并能保证一定程度的加工精度和表面质量,进而使学生具备一定的分析和解决问题的能力。

本书由沈阳市汽车工程学校盛聚、许春英、徐军担任主编,王蔚担任副主编,参编人员有李红双、赵丽丽、张磊、王少平、史明辉、李涛、鞠刚、于立柱、荆其峰。在本书的编写过程中,得到了杨艳秋、刘富、仲涛、畅英、迟春芳等很多同志的大力支持和帮助,人民交通出版社也为本书的编写提供了很多资料及图片,使得本书内容更加完善,在此一并表示衷心的感谢。

由于编者的水平有限,加之时间仓促,书中难免存在不足之处,敬请广大读者批评指正。

编　者

2011 年 3 月

目 录

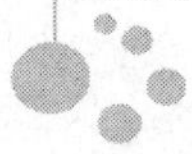

目录

绪论

车削概述

1. 了解车削在机械制造业中的地位。
2. 通过学习,掌握车削加工的基本特点。
3. 掌握车削加工的主要范围及精度等级。
4. 了解机械制造生产过程。

一、车削加工在机械制造业中的地位

纵观世界各国,任何一个经济发达的国家,无不具有强大的机械制造业,许多国家的经济腾飞,机械制造业功不可没,其中,日本最具有代表性。第二次世界大战后,日本先后提出"技术立国"和"新技术立国"的口号,对机械制造业的发展给予全面的支持,使日本在战后短短30年里,一跃成为世界经济大国。

制造业在国民经济中的地位可以用以下几个简单的数字来进行说明:美国68%的财富来源于制造业;日本约49%的国民经济总产值由制造业提供。在先进的工业化国家中,约有1/4的人口从业于制造业,在非制造业部门中,又有约半数人员的工作性质与制造业密切相关。

随着世界经济一体化的形成,中国潜在的巨大市场和丰富的劳动力资源,国外的技术、资金、产品大量涌入中国，中国企业面临前所未有的国内外激烈的竞争局面。虽然，中国机械制造业经过几十年的努力已经具有相当的规模，但技术工人的匮乏及中国技术工人的技能水平的参差不齐已经严重制约了机械制造业的发展。培养具有较高技术的工人，培养具有创新精神的企业劳动者，已成为社会的当务之急。

学历不能与能力画等号，一个熟练工人，即使没有大学文凭，但如果他所从事工种的工作很出色，又是企业非常需要的，就一定会受到社会的尊重。经过了一番市场经济大潮洗礼，人们的就业观念趋向于更加理性，目前我国已经形成尊重产业工人、学好技术技能的良好氛围。

在机械制造车间，有各种各样高速运转的机床设备，这些高速旋转的机器，也就是通常讲的金属切削机床，简称机床。机床按其工作原理、结构性能特点和使用范围，可分为车床（图 0-1）、铣床、磨床、钻床、数控车床、加工中心机床等。通常情况下，在机械制造企业，车床占机床总数的 30% ~50%。可见，车削在机械制造业中占有举足轻重的地位。

图 0-1　车床

二、车削加工的特点

（1）车削加工的应用范围很广。即可对钢材、铸件、有色金属进行加工，又可车削尼龙、胶木等非金属。

（2）车削加工成本低。车刀一般为单刃刀具，结构简单、制造容易、刃磨方便、装夹迅速。有利于保证加工质量、提高生产效率和降低成本。

（3）车削工作一般是连续进行的，当刀具的几何形状和背吃刀量及进给量确定时，车削层的截面积是不变的。因此切削过程比较平稳，可以进行高速和强力切削，生产效率高。

（4）车削加工多用于粗加工或半精加工。加工精度一般为 IT12 ~ IT7，甚至可达 IT6；表面粗糙度 Ra 可达 12.5 ~0.8μm。

三、车削加工的主要范围

车削的加工范围很广，就其基本内容来说，有车外圆、车端面、切断和车槽、钻中心孔、钻孔、车孔、铰孔、车螺纹、车圆锥、车成形面和滚花等，如果在车床上装一些附件和夹具，还可进行镗削、磨削、研磨和抛光等。图 0-2 所示是车床可以完成的主要工作。

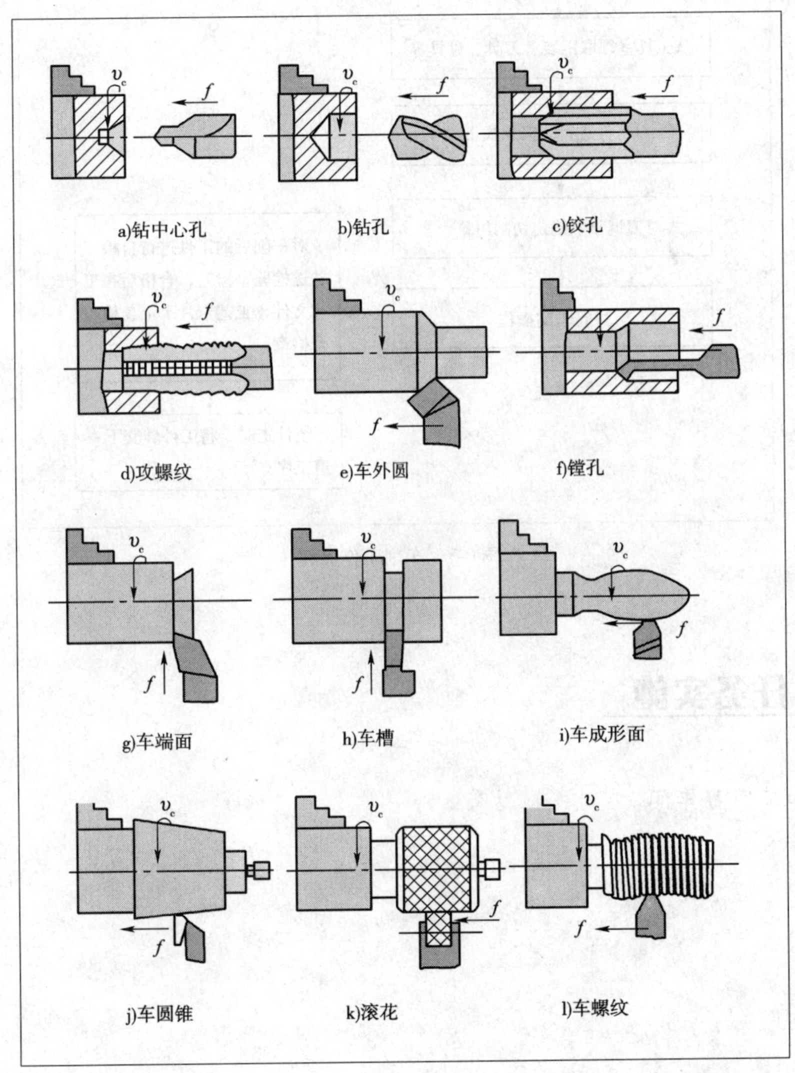

图 0-2　车床的主要工作

四、车削工作流程

车削加工一般按照如图 0-3 所示的工作流程完成车削工作。

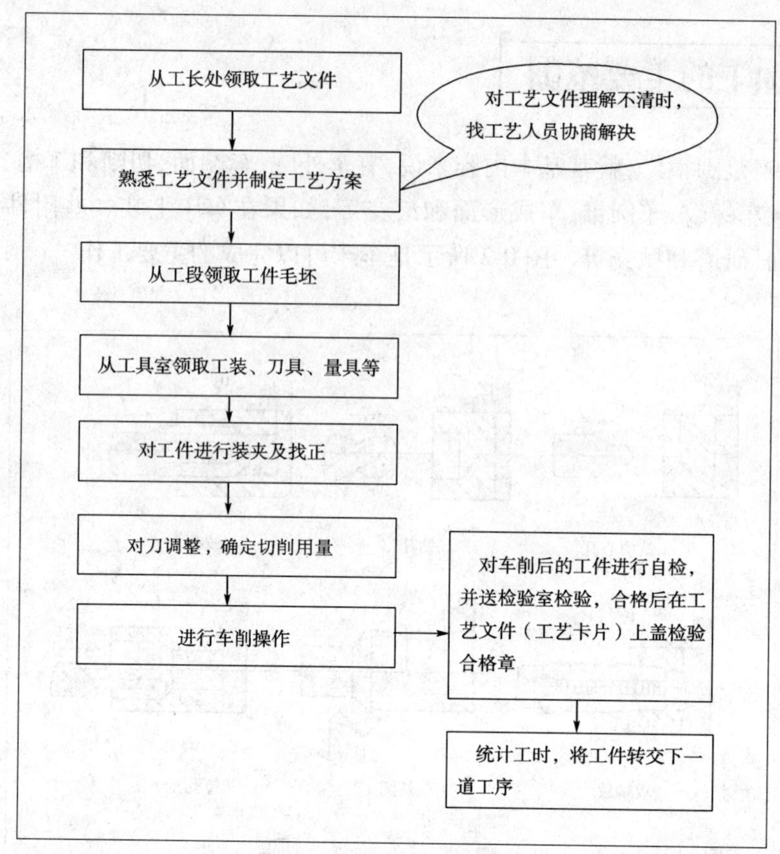

图 0-3　车削工作流程

任务实施

参观机加工实习车间。

项目一 车床的基本知识

任务一 车床的型号

任务目标

1. 掌握车床型号的含义。
2. 熟悉 CA6140 卧式车床主要技术参数。

相关知识

一、车床的型号

机床的型号由机床类代号、机床特性代号、组代号、系代号、主参数、重大改进序号等组成，用汉语拼音字母和阿拉伯数字按一定的规律排列。例如，CA6140 表示床身上最大工件回转直径为 400mm 的精密卧式车床，型号中字母及数字的含义如下：

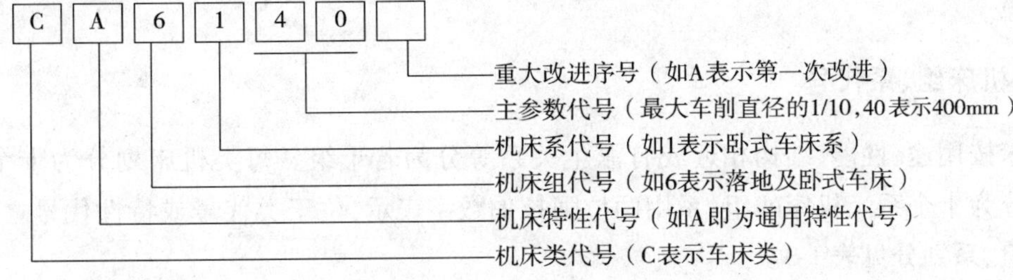

1 机床类代号

机床类代号以机床名称的汉语拼音的第一个字母大写表示,位于型号编写首位,如车床用“C”表示,钻床用“Z”表示。机床类代号及读音见表 1-1。

机床类代号及读音　　表 1-1

类别	车床	钻床	镗床	磨床			齿轮加工机床	螺纹加工机床	铣床	刨插床	拉床	锯床	其他机床
代号	C	Z	T	M	2M	3M	Y	S	X	B	L	G	Q
读音	车	钻	镗	磨	二磨	三磨	牙	丝	铣	刨	拉	割	其

2 机床特性代号

机床特性代号包括通用特性代号和结构特性代号,用大写的汉语拼音字母表示,位于类代号之后。

(1)通用特性代号。当某类型机床除有普通性能外,还具有特殊性能,则在类代号之后加通用特性代号予以区别,如高精度用 G 表示。机床的通用特性代号及读音见表 1-2。

机床通用特性代号及读音　　表 1-2

通用特性	高精度	精密	自动	半自动	数控	加工中心(自动换刀)	仿形	轻型	加重型	简式	柔性加工单元	数显	高速
代号	G	M	Z	B	K	H	F	Q	C	J	R	X	S
读音	高	密	自	半	控	换	仿	轻	重	简	柔	显	速

(2)结构特性代号。对主参数相同而结构、性能不同的机床,在型号中加结构特性代号予以区别。结构特性代号为汉语拼音字母,但与通用特性代号不同,它在型号中没有统一的含义,只在同类机床中起区分机床结构、性能的作用。当型号中有通用特性代号时,结构特性代号应排在通用特性代号之后,如 CAK618 中的 K。通用特性代号已用的字母和 I、O 两个字母均不能用作结构特性代号。当字母不够用时,可将两个字母组合起来使用,如 AD、AE 等。

3 机床组、系代号

机床按用途、性能、结构相近或有派生关系等分为若干组。每类机床划分为十个组,每一组又分为十个系。机床的组、系用两位阿拉伯数字表示,位于类代号或特性代号之后。车床类的组、系划分见表 1-3。

车床类的组、系划分表

表1-3

组		系		组		系	
代号	名称	代号	名称	代号	名称	代号	名称
0	仪表车床	0	台式精整车床	4	曲轴及凸轮轴车床	0	旋风切削曲轴车床
		1				1	曲轴车床
		2				2	曲轴主轴颈车床
		3	转塔车床			3	曲轴连杆轴颈车床
		4	卡盘车床			4	
		5	卧式车床			5	多刀凸轮轴车床
		6	棒料车床			6	凸轮轴车床
		7				7	凸轮轴中轴颈车床
		8	轴车床			8	凸轮轴端轴颈车床
		9	卡盘精整车床			9	凸轮轴凸轮车床
1	单轴自动车床	0	主轴箱固定型自动车床	5	立式车床	0	
		1	单轴纵切自动车床			1	单柱立式车床
		2	单轴横切自动车床			2	双柱立式车床
		3	单轴转塔自动车床			3	单柱移动立式车床
		4	单轴卡盘自动车床			4	双柱移动立式车床
		5				5	工作台移动单柱立式车床
		6	正面操作自动车床			6	
		7				7	定梁单柱立式车床
		8				8	定梁双柱立式车床
		9				9	
2	多轴自动、半自动车床	0	多轴平行作业棒料自动车床	6	落地及卧式车床	0	落地车床
		1	多轴棒料自动车床			1	卧式车床
		2	多轴卡盘自动车床			2	马鞍车床
		3				3	无丝杠车床
		4	多轴可调棒料自动车床			4	卡盘车床
		5	多轴可调卡盘自动车床			5	球面车床
		6	立式多轴半自动车床			6	
		7	立式多轴平行作业半自动车床			7	
		8				8	
		9				9	
3	回轮、转塔车床	0	回轮车床	7	仿形及多刀车床	0	转塔仿形车床
		1	滑鞍转塔车床			1	仿形车床
		2	棒料滑枕转塔车床			2	卡盘仿形车床
		3	滑枕转塔车床			3	立式仿形车床
		4	组合式转塔车床			4	转塔卡盘多刀车床
		5	横移转塔车床			5	多刀车床
		6	立式双轴转塔车床			6	卡盘多刀车床
		7	立式转塔车床			7	立式多刀车床
		8	立式卡盘车床			8	异形仿形车床
		9				9	

续上表

组		系		组		系	
代号	名称	代号	名称	代号	名称	代号	名称
8	轮轴辊锭及铲齿车床	0	车轮车床	9	其他车床	0	落地镗车床
		1	车轴车床			1	
		2	动轮曲拐销车床			2	单能半自动车床
		3	轴颈车床			3	汽缸套镗车床
		4	轧辊车床			4	
		5	钢锭车床			5	活塞车床
		6				6	轴承车床
		7	立式车轮车床			7	活塞环车床
		8				8	钢锭模车床
		9	铲齿车床			9	

4 机床主参数、第二主参数

（1）机床主参数代号反映机床的主要技术规格，用折算值（主参数乘以折算系数）表示，位于组、系代号之后。主参数的尺寸单位为毫米（mm）。如 CA6140 车床，主参数为 40，折算系数为 1/10，即主参数（床身上最大工件回转直径）为 400mm。

（2）机床第二主参数一般是指主轴数、最大工件长度、最大车削长度和最大模数等。多轴车床的主轴数，以实际轴数列入型号中的主参数折算值之后，并用“×”分开，如 C2140×4。常用的车床主参数及折算系数见表 1-4。

常用的车床主参数及折算系数　　表 1-4

车　床	主　参　数	主参数折算系数	第二主参数
单轴自动车床	最大棒料直径	1	
多轴自动车床	最大棒料直径	1	轴数
多轴半自动车床	最大车削直径	1/10	轴数
回轮式六角车床	最大棒料直径	1	
转塔式六角车床	最大车削直径	1/10	最大工件长度
单柱及双柱立式车床	最大车削直径	1/100	最大工件长度
落地车床	最大工件回转直径	1/100	最大模数
普通卧式车床	床身上最大工件回转直径	1/10	
铲齿车床	最大工件直径	1/10	

5 机床重大改进序号

当机床的结构、性能有更高的要求，并须按新产品重新设计、试制和鉴定时，才在机床型号之后，按 A、B、C……汉语拼音字母的顺序选用（但 I、O 两个字母不得选用），加入型号的尾部,以区别原机床型号,如 C6136A 是 C6136 型经过第一次重大改进的车床。

二、CA6140 卧式车床主要技术参数

1 工件最大回转直径

床身上最大工件回转直径	400mm
中滑板上最大工件回转直径	210mm

2 主轴

主轴中心高度	205mm
主轴内孔直径	48mm
主轴前端锥孔的锥度	莫氏 6 号锥
主轴 正转(24 级)	10 ~ 1400r/min
反转(12 级)	14 ~ 1580r/min

3 进给量

纵向 64 级	
一般进给量	0.08 ~ 6.33mm/r
小进给量	0.028 ~ 0.054mm/r
加大进给量	1.71 ~ 6.33mm/r
横向 64 级	
一般进给量	0.04 ~ 0.79mm/r
小进给量	0.014 ~ 0.027mm/r
加大进给量	0.86 ~ 3.16mm/r

4 车削螺纹范围

普通螺纹螺距(44 种)	1 ~ 192mm
英制螺纹螺距(20 种)	2 ~ 24 牙/英寸
模数螺纹(39 种)	0.25 ~ 48mm
径节螺纹(37 种)	1 ~ 96 牙/英寸

5 工件最大长度

工件最大长度(四种规格)	750、1000、1500、2000mm

6 尾座顶尖锥孔锥度

尾座顶尖套锥孔锥度	莫氏 5 号

7 电动机功率

主轴电动机功率/转速	7.5kW/1450(r/min)
快速电动机功率/转速	0.25kW/2800(r/min)

8 工作精度

圆度	0.002～0.005mm
精车端面平面度	0.005～0.01mm
表面粗糙度 *Ra*	3.2～0.8μm

任务实施

读机床的铭牌 CK618、CQ6132、C620A 及 C6150,说明其含义。

任务二 车床的结构和传动系统

1. 掌握 CA6140 型车床的组成。
2. 掌握 CA6140 型车床的传动系统图。
3. 熟悉机床各部分结构的作用。
4. 熟悉车床手柄和手轮的位置以及用途。

相关知识

一、车床的结构和作用

车床的结构如图 1-1 所示,主要包括三箱、两杠、一刀架、尾座。

1 三箱

三箱包括主轴箱、进给箱及溜板箱。

(1)主轴箱。主轴箱安装在床身的左上部,主轴箱内装有主轴部件和主运动变速机构,调整变速机构可以获得所需的主轴转速。主轴的前端可以安装卡盘或顶尖,用以装夹工件,并带动工件实现加工所需的主运动。主轴是空心的,中间可以穿过棒料。

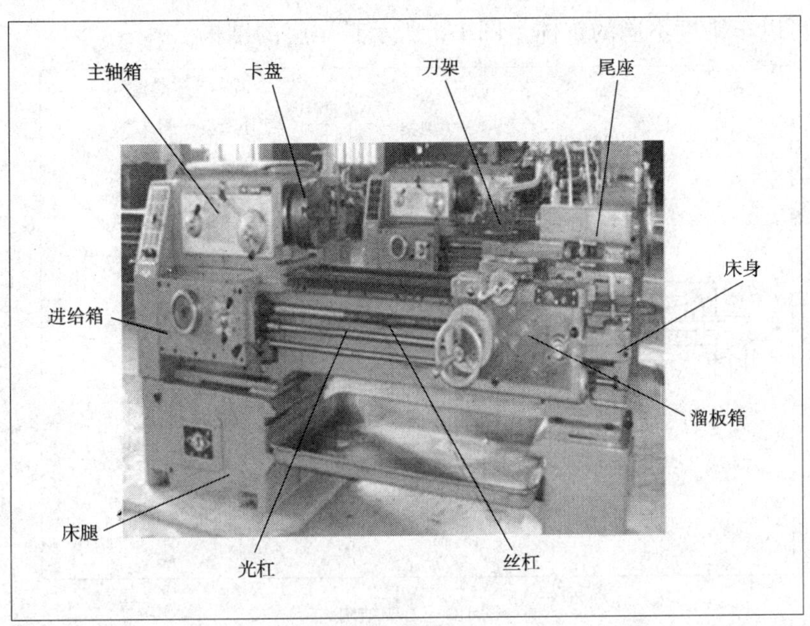

图1-1 车床的结构

(2)进给箱。进给箱安装在床身的左前侧,进给箱内装有进给运动变速机构。主轴的运动可以通过挂轮机构将运动传入进给箱,通过进给箱内的变速机构后,再经光杠或丝杠将运动传给溜板箱,最终带动刀具实现加工所需的进给运动。

(3)溜板箱。溜板箱安装在刀架部件底部,通过光杠或丝杠接受进给箱传来的运动,并将运动传给刀架部件,实现纵、横向进给或车螺纹运动。床身前侧床鞍导轨下方安装有长齿条,溜板箱中的小齿轮与其啮合,可带动溜板箱实现纵向移动。

2 两杠

丝杠与光杠的左端安装在进给箱右侧,右端安装在床身右前侧的挂角上,中间穿过溜板箱。通常光杠用于一般车削工作,丝杠主要用于车螺纹。

3 刀架

刀架部件装在床身的床鞍导轨上,由方刀架、小滑板、中滑板、床鞍(即大拖板)组成,如图1-2所示。方刀架处于最上层,用于夹持刀具。小滑板在方刀架与中滑板之间,与中滑板以转盘相连,可在水平面内任意转动一个角度,中滑板处于小滑板与床鞍之间,可沿床鞍上面的导轨作横向自动或手动进给,床鞍处于中滑板与床身之间,可沿床身上床鞍导轨纵向移动,以实现纵向自动或手动进给。

4 尾座

尾座通常安装在床身右上部,并可沿床身上的尾座导轨调整其位置,支撑工件的顶尖装在尾座套筒中,通过调整尾座在尾座导轨上的位置,并配合尾座套筒的伸缩可支撑不同长度的工件。尾座也可在其底板上作小量横向移动，当用前、后顶尖支撑工件时，通过调整尾座的横向位置，可以车锥度不同的锥体。图 1-3 所示是尾座的结构。

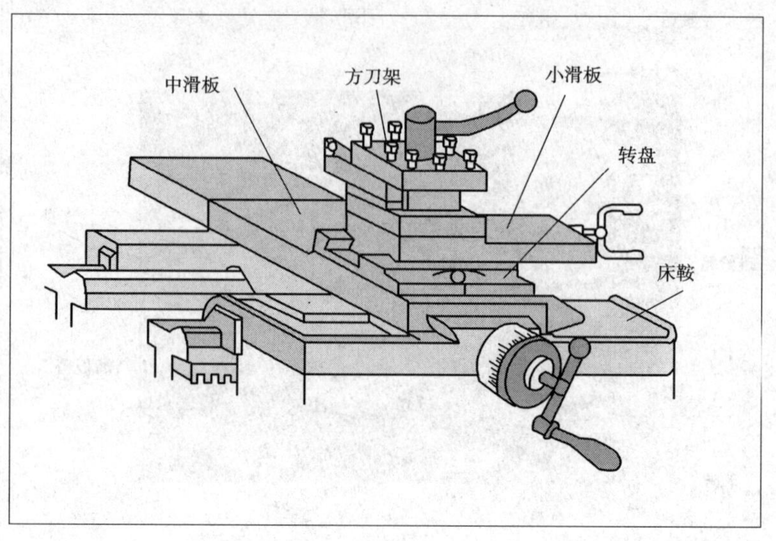

图 1-2　刀架结构

5 挂轮变速机构

挂轮变速机构即配换齿轮变速机构，装在主轴箱、进给箱的左侧，内部的挂轮连接主轴箱和进给箱，当车削特殊螺纹（英制螺纹、径节螺纹、精密螺纹、非标准螺纹）时，需调换齿数不同的挂轮。

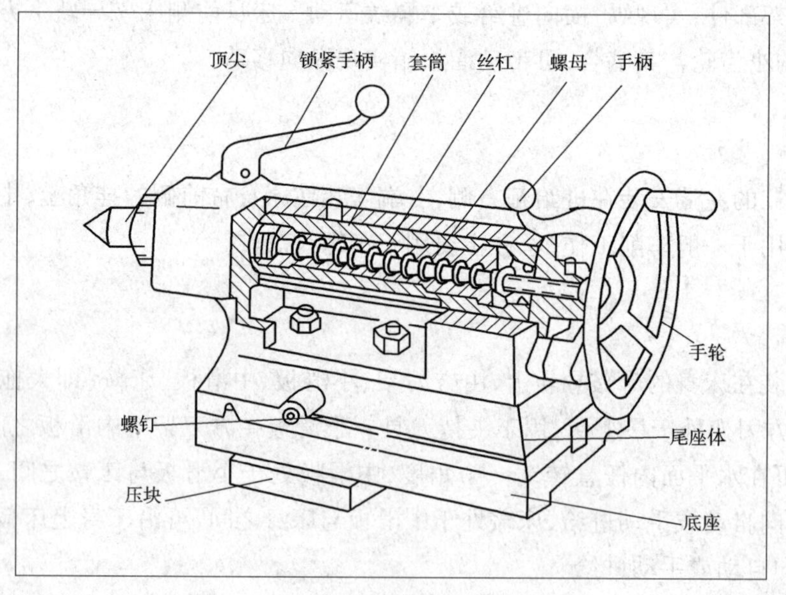

图 1-3　尾座的结构

6 床身

床身固定在左、右床腿上，是车床的基础部件，用以支撑和安装车床的各个部件，如主轴箱、进给箱、溜板箱、尾座等，并保证各部件之间具有正确的相对位置和相对运动。床身上面有两组平行导轨——床鞍导轨和尾座导轨。

二、CA6140 型车床的传动系统图

CA6140 型车床是由主运动和进给运动的相互配合来完成车削工作的。图 1-4 所示为 CA6140 型车床的传动系统图。

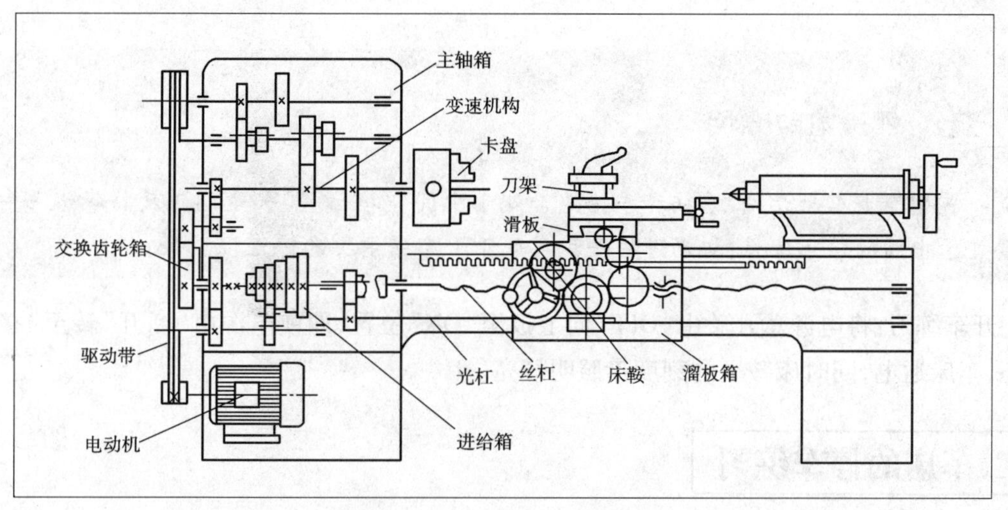

图 1-4　CA6140 型车床的传动系统图

主运动是通过电动机和驱动带将运动输入到主轴箱，通过变速机构变速，使主轴得到不同的转速，再经过卡盘带动工件旋转。

进给运动是由主轴箱把旋转运动输入到交换齿轮箱，再通过进给箱变速后由丝杠或者光杠驱动溜板箱、床鞍、滑板、刀架，从而控制车刀的运动轨迹完成车削各种表面的工作。如图 1-5 所示的 CA6140 型车床的传动系统路径说明图。

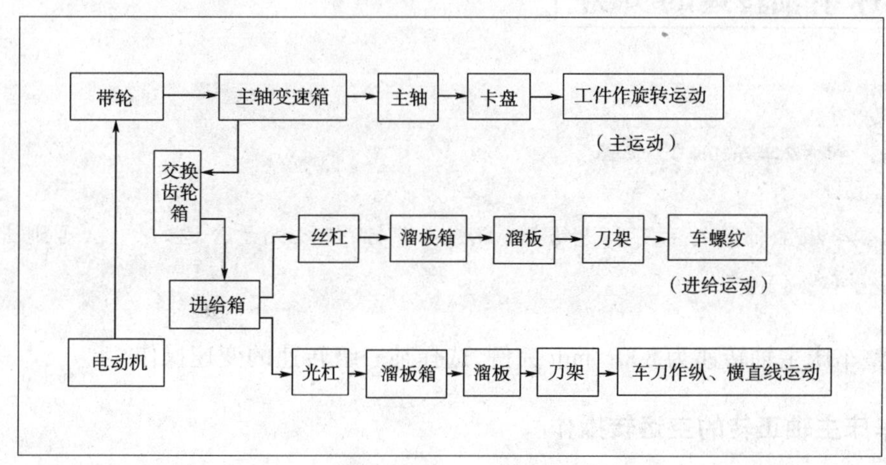

图 1-5　CA6140 型车床的传动系统路径说明图

任务实施

一、车床的开车练习

开车前的准备

首先检查车床开关、手柄和手轮是否处于中间空挡位置，如主轴正反转操纵手柄要处于中间的停止位置，机动进给手柄要处于十字槽中央的停止位置等。

开车练习：将电源总开关由“OFF”向上扳至“ON”位置，即使电源由“断开”转至“接通”状态，车床通电，同时床鞍上的刻度盘照明灯亮。

二、车床的停车练习

使操纵杆处于中间位置，车床主轴停止转动。按床鞍上的红色的停止（或急停）按钮。如果车床需长时间停止，关闭车床电源总开关。将电源总开关由“ON”向下扳至“OFF”位置，即使电源由“接通”转至“断开”状态，车床不通电，同时床鞍上的刻度盘照明灯灭。

三、车床主轴转速的实现

转动主轴前的准备

观察车床主轴箱的油窗和进给箱、溜板箱游标，使之处于合适的位置，否则进行润滑处理。

以调整车床主轴转速为800r/min为例，选择某一级转速的变速操作。

1 车床主轴正转的空运转操作

将车床主轴箱的主轴变速手柄转到800r/min。按床鞍上的绿色启动按钮，启动电动机，但此时车床主轴不转。将进给箱右下侧的操纵杆手柄向上提起，实现车床主轴的正转，此时车床主轴转速为800r/min。

2 车床主轴反转的空运转操作

只要将车床操纵杆手柄向下扳动，就可以实现车床主轴的反转。

注意

(1)变换主轴速度时，必须先停止主轴旋转，然后再变速。

(2)不要将操纵杆手柄由正转直接扳至反转，而应由正转经中间制动位置稍停2s再扳至反转位置，这样有利于延长车床的使用寿命。

四、进给箱的变速操作

通过变换主轴箱、进给箱上手轮与手柄的位置来调整纵向、横向进给量。

1 纵向机动进给操作

(1)向左扳动溜板箱右侧的机动进给手柄，刀架向左纵向机动进给。

(2)向右扳动机动进给手柄，刀架向右纵向机动进给。

2 横向机动进给操作

(1)向前扳动机动进给手柄，刀架向前横向机动进给。

(2)向后扳动机动进给手柄，刀架向后横向机动进给。

五、刀架的快速移动操作

1 纵向快速移动操作

(1)向左扳动机动进给手柄，并按下手柄顶部的快进按钮，实现刀架向左快速纵向移动。

(2)放开快进按钮，快速电动机停止转动；向右扳动机动进给手柄，按下手柄顶部的快进按钮，刀架向右快速纵向移动。

2 横向快速移动操作

(1)向前扳动机动进给手柄，按下手柄顶部的快进按钮，实现刀架向前快速横向移动。

(2)放开快进按钮，快速电动机停止转动；向后扳动机动进给手柄，按下手柄顶部的快进按钮，实现刀架向后快速横向移动。

六、手动操作

1 床鞍

逆时针转动溜板箱左侧的床鞍手轮，床鞍向左纵向移动，反之，床鞍向右纵向移动。

2 中滑板

顺时针转动中滑板手柄，中滑板向远离操作者的方向移动，即横向进给，反之，中滑板向靠近操作者的方向移动，即横向退出。

3 小滑板

顺时针转动小滑板手柄，小滑板向左移动，反之，小滑板向右移动。

4 刀架

逆时针转动刀架手柄，刀架按逆时针方向转动，以调换车刀；顺时针转动刀架手柄，锁紧刀架。

七、尾座的操作

1 尾座套筒的进退和固定

逆时针扳动尾座套筒固定手柄，即可松开尾座套筒。顺时针转动尾座手轮，使尾座套筒伸出，简称“尾进”；反之，尾座套筒缩回，简称“尾退”。顺时针扳动尾座套筒固定手柄，可以将套筒固定在所需位置。

2 尾座位置的固定

向后（顺时针）扳动尾座快速紧固手柄，松开尾座，将尾座沿床身纵向移动到所需的位置，然后向前（逆时针）扳动手柄，即可快速地把尾座固定在床身上。

八、刻度盘的操作

1 床鞍刻度盘

转动床鞍手轮，每转过 1 格，床鞍移动 1mm。

2 中滑板刻度盘

转动中滑板手柄，每转过 1 格，中滑板横向移动 0.05mm。

3 小滑板刻度盘

转动小滑板手柄，每转过 1 格，小滑板横向移动 0.05mm。

注意

转动床鞍、中滑板、小滑板手柄时，由于丝杠与螺母之间的配合存在间隙，会产生空行程，即刻度盘已转动，而刀架并未同步移动。

规范操作：如图 1-6 所示，使用刻度盘时，要先反向转动适当角度，消除配合间隙，再正向慢慢转动手柄，带动刻度盘转到所需的格数，如果刻度盘多转动了几格，绝不能简单地退回，而必须向相反方向退回全部空行程，再转到所需要的刻度位置。

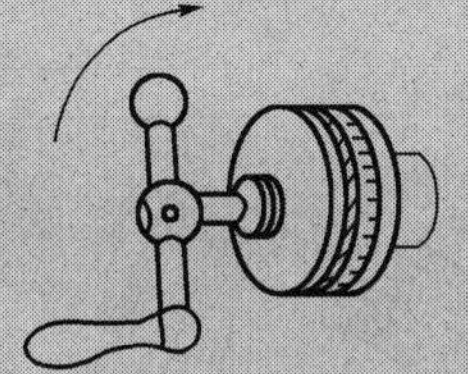

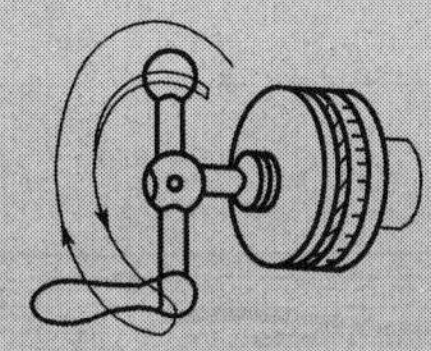

a) 反向转动消除配合间隙　b) 多转动了几格　c) 反方向退回全部空行程，再转到所需要的刻度

图 1-6　消除配合间隙方法

任务三　车床的润滑和维护保养

任务目标

1. 了解车床润滑和保养的意义。
2. 对车床进行正确的润滑和保养。

相关知识

一、车床的润滑

车床工作过程中，零件之间的摩擦会使其产生热量，如不适时进行合理的润滑，必将影响车床的正常运转，加速零部件的磨损，影响加工质量，甚至损坏车床。因此，对车床上所有

摩擦部位,必须根据不同情况采取适当的润滑方式,这是使用车床时一项不可缺少的重要工作。车床上常用的润滑方式有以下几种。

1 油绳润滑

油绳润滑如图1-7所示,这种润滑方式适用于进给箱内的齿轮和轴承。利用进给箱上部的储油槽,通过油绳进行润滑,因此要注意进给箱油标孔内油面高度。每班给进给箱上部的储油槽适量地加油一次。

2 浇油润滑

浇油润滑如图1-8所示,这种润滑方式适用于车床上外露的滑动表面,如床身导轨面,中滑板、小滑板导轨面和丝杠。在工作前和工作后都要擦净并用油壶浇油润滑。一般每班润滑一次。

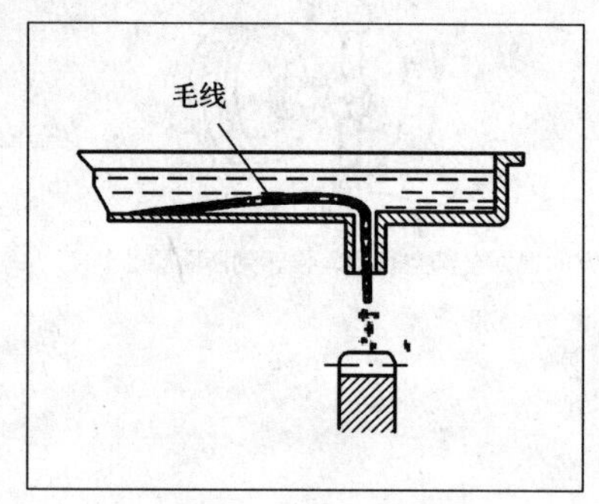

图1-7　油绳润滑

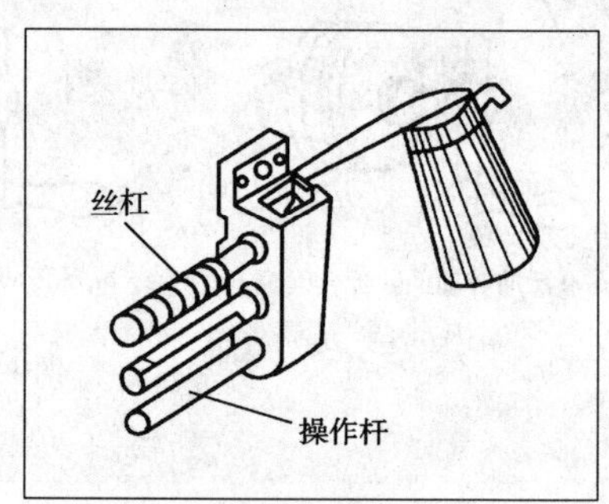

图1-8　浇油润滑

3 溅油润滑

溅油润滑适用于车床的主轴箱、进给箱,利用齿轮转动时把润滑油飞溅到各处进行润滑。油面高度不得低于油标中心线,换油周期一般为三个月。一般每班加油一次。

4 弹子油杯润滑

弹子油杯润滑如图1-9所示,这种润滑方式适用于在车床尾座,中滑板、小滑板手柄轴承位置。润滑时用油嘴将弹子压下,滴入润滑油。通常每班加油一次。

5 油脂杯润滑

油脂杯润滑如图1-10所示,用于车床交换齿轮箱的中间齿轮、轴套和溜板箱中左侧两处齿轮套等部位。先在油脂杯内装满油脂,旋转油杯盖时,润滑油脂就被挤入轴承套内实现润滑。通常每个班旋转油杯盖一圈,油脂杯要经常添加润滑油脂。

6 油泵循环润滑

油泵循环润滑如图1-11所示,这种润滑方式适用于车床的主轴箱。是依靠车床上的油泵供应充足的油量来进行润滑的,润滑油的换油周期为三个月。

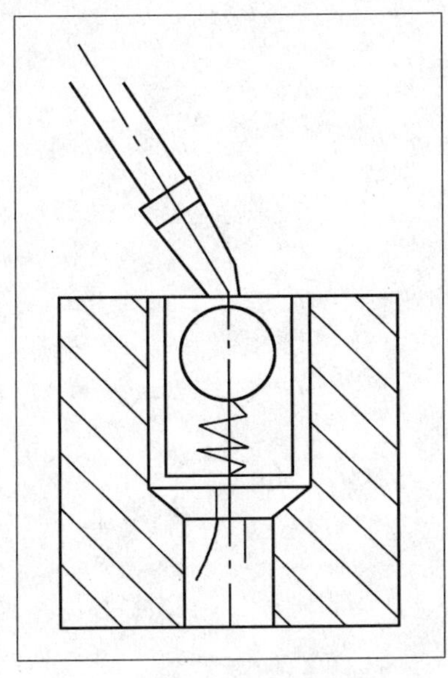

图 1-9　弹子油杯润滑

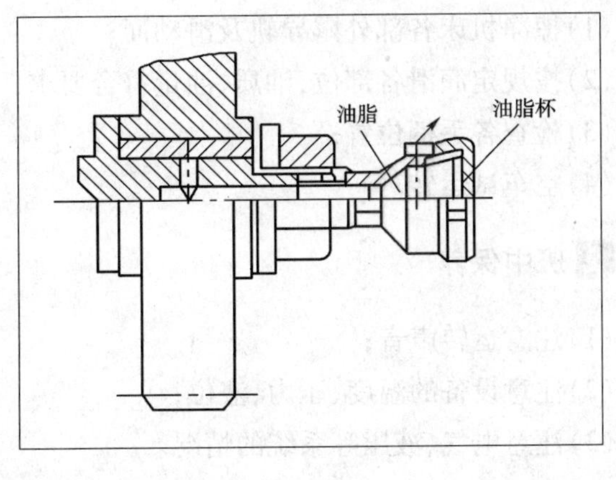

图 1-10　油脂杯润滑

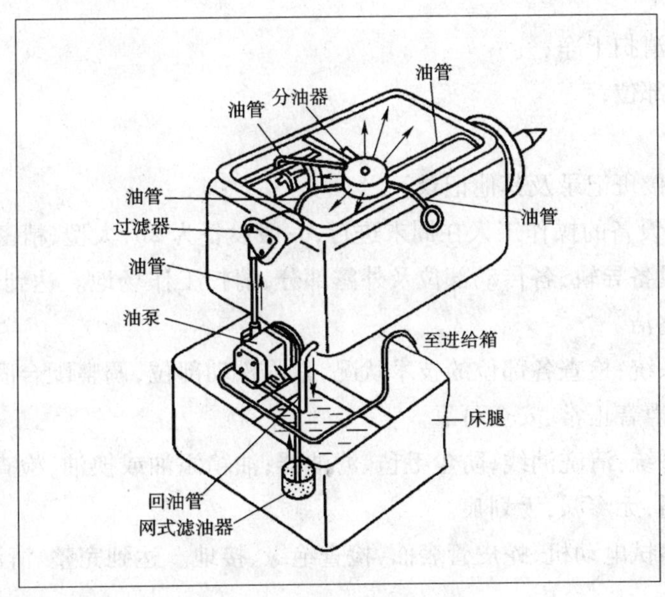

图 1-11　主轴箱油泵循环润滑

二、车床的维护保养

当机床使用到一定的年限，各运动件之间的间隙增大，各紧固件、连接件会产生松动，机床外表会出现锈蚀、油污，这些情况的出现会直接影响零件的加工质量和生产效率。为了保证车床精度和延长车床使用寿命，必须对车床进行合理、必要的保养。保养的主要内容是清洁、润滑和必要的调整。车床的保养可以由设备操作人独立完成的有日保养和周保养，又称日例保和周例保。

日例保是由设备的操作工人当班完成，主要做好以下工作。

1 班前保养

(1)擦净机床各部外露导轨及滑动面;

(2)按规定润滑各部位,油质、油量符合要求;

(3)检查各手柄位置;

(4)空车试运转。

2 班中保养

(1)注意运转声音;

(2)注意设备的温度、压力、液位;

(3)注意电气、液压等系统的情况。

3 班后保养

(1)日例保:

①将铁屑全部清扫干净;

②擦净机床各部位;

③部件归位;

④认真填写交接班记录及其他记录。

(2)周例保:由设备的操作工人在周末进行,一般设备为2h,大型、精密设备为4h。

①外观:擦净设备导轨、各传动部位及外露部分,清扫工作场地。达到内洁外净无死角、无锈蚀,周围环境整洁。

②操纵、传动系统:检查各部位的技术状况,紧固松动部位,调整配合间隙,检查互锁、保险位置。达到传动声音正常、安全可靠。

③液压、润滑系统:清洗油线,防尘毛毡、滤油器;油箱添油或换油,检查液压系统。达到油质清洁,油路畅通,无渗漏,无划痕。

④电气系统:擦拭电动机、蛇皮管表面,检查绝缘、接地。达到完整、清洁、可靠。

任务实施

1. 擦拭机床,并对机床进行润滑。

2. 给CA6140车床进行润滑。

图1-12为CA6140型车床润滑系统润滑点位置示意图。润滑部位用数字标出,图中标注②的润滑部位用工业油脂进行润滑,其余的润滑部位用30号机油润滑。换油时,应先将废油放尽,然后用煤油把箱体内冲洗干净后,再注入新机油,注油时,机油应用网过滤,且油面不得低于油标中心线。

图 1-12 所示主轴箱内的零件用油泵循环润滑或飞溅润滑，主轴箱内润滑油一般三个月更换一次。主轴箱体上有一个油标，若发现油标内无油输出，说明油泵输油系统有故障，应立即停车检查断油原因，待修复后才能开动车床。进给箱内的齿轮和轴承，除了用齿轮飞溅润滑外，在进给箱上部还有用于油绳导油润滑的储油槽，每班应给储油槽加一次油。

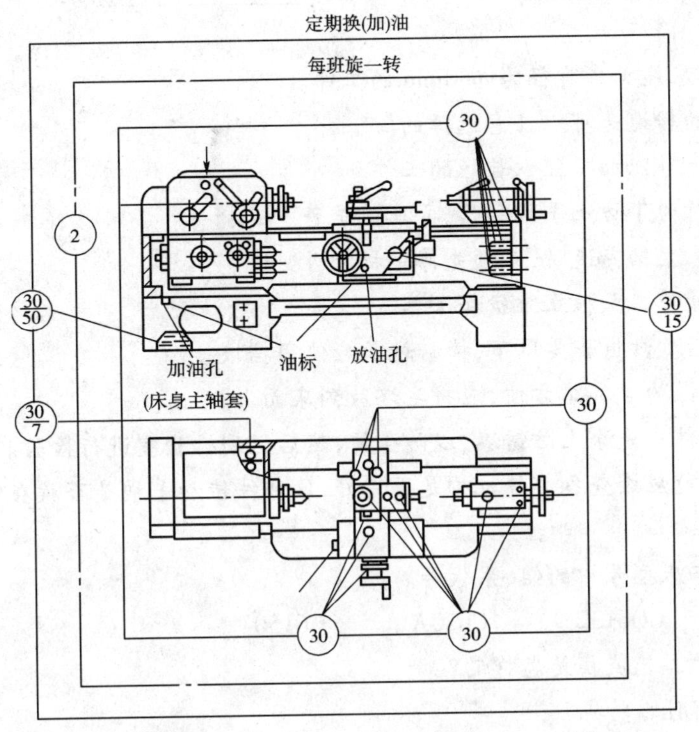

图 1-12 CA140 型车床润滑系统润滑点位置示意图

思考题

一、填空题

1. 车床的型号反映车床的________、________、________及________。

2. CA6140 中的 C 表示________、A 表示________、6 表示________、1 表示________、40 表示________。

3. CA6140 型车床的主参数是以________折算系数来表示的。

4. 表示通用特性代号中的高速组的代号是________。

5. 表示机床第一次重大改进的代号的是________。

6. 转动床鞍可以实现________向进给；转动中滑板可以实现________向

进给；转动小滑板可以实现____________向进给。

7. 床身导轨面、中滑板、小滑板导轨面采用____________方式润滑。

8. 车床齿轮箱内零件采用____________方式润滑。

9. 尾座和中滑板、小滑板摇手柄转动轴承处采用____________方式润滑。

10. 光杠用于____________车削，丝杠用于____________车削。

二、判断题

1. CA6140 车床能加工直径为 ϕ60mm 的工件。

2. 车床主轴的转速是可以任意选择的。

3. 一台车床上可以加工任意长短的工件。

4. 操作车床时为了防止手被刮伤，要求戴手套。

5. 在进行车床主轴变速时，必须先停下机床再变速。

6. 车床应由操作工人独立维护和保养。

7. 工件装夹后卡盘扳手要取下，棒料过长应使用挡板。

8. 加工工件时，为了加工方便，应将毛坯放到床面上。

9. 加工后，工件应先涂上防锈漆，以防生锈，然后送到检验室进行检验。

10. 工人操作前应检查各部件机构是否完好，各部件传动手柄是否放在空挡位置。

三、简答题

1. 指出以下车床型号中的组、系代号。

   CK618　　CQ6132　　C620A　　C6150

2. 车削加工的工艺流程是怎样的？

3. 车削加工有什么特点？

4. 车削加工可以完成哪些工作？

5. 车床由哪些部分组成？各部分的作用是什么？

6. 简述车床的传动系统构成？

7. 车床上常用的润滑方式有哪些？

8. 车床的日保养怎样进行？

9. 车床的周保养怎样进行？

10. 怎样实现刀架的快速移动？

11. 怎样实现刀架的纵向机动进给？

12. 简述车床文明生产操作规程。

13. 装夹刀具时需要注意哪些问题？

14. 开车前需要注意哪些问题？

15. 装卸工件时需要注意哪些问题？

16. 尾座的结构有哪些部分组成，尾座的作用是什么？

17. 说明实现主轴运转的系统传动过程。

18. 车床的滑板有哪些部分组成，各部分的主要作用是什么？

19. 消除滑板空行程应采用什么方法，怎样进行？

项目二 车削的基本知识

任务一 车削运动和切削用量

1. 掌握车削运动的种类。
2. 了解车削过程中形成的三个表面。
3. 掌握切削用量的概念。
4. 重点掌握切削用量的选择原则。

一、车削运动

在车床上加工工件时，为了切除多余的金属，必须使工件和车刀产生相对运动，这个过程所采用的方法称为车削。工件和车刀产生的相对运动称为车削运动。按运动的作用不同，车削运动可分为主运动和进给运动两种，如图 2-1 所示。

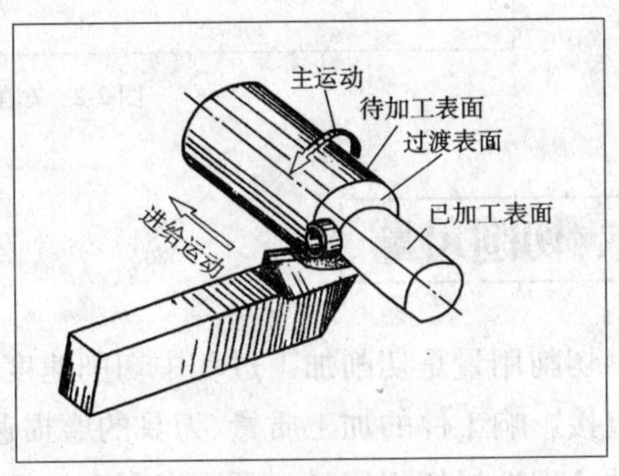

图 2-1 车削运动

1 主运动

主运动是机床的主要运动，它消耗机床的主要动力。车削时，工件的旋转运动是主运动。通常主运动的速度较高。

2 进给运动

进给运动是指使工件的多余材料不断被去除的切削运动，如车外圆时的纵向进给运动，车端面时的横向进给运动等。图 2-1 所示的进给运动为纵向进给运动。

车削时，工件上会形成已加工表面、过渡表面和待加工表面。图 2-2 所示为车外圆、车孔和车端面时，工件上形成的三个表面。

1 已加工表面

工件上经车刀车削后产生的新表面。

2 过渡表面

工件上由切削正在形成的那部分表面。

3 待加工表面

工件上有待切除的表面。

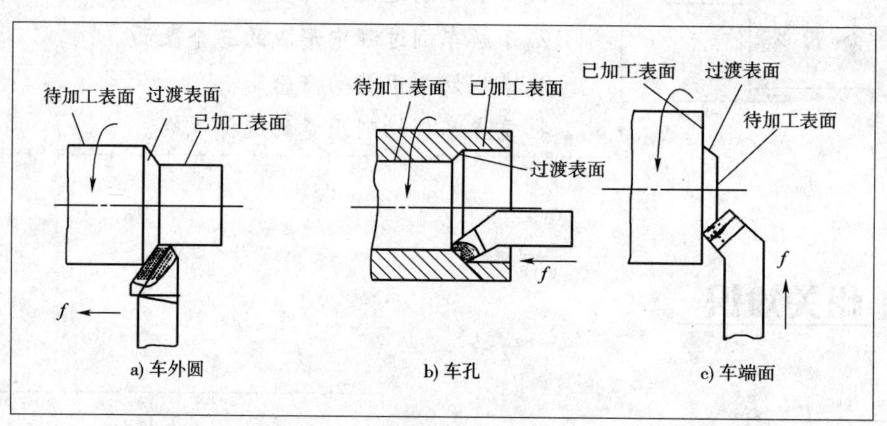

图 2-2 车削时工件上的三个表面

二、切削用量

切削用量是切削加工过程中切削速度、进给量和背吃刀量(切削深度)的总称。切削用量直接影响工件的加工质量、刀具的磨损速度和使用寿命、机床的动力消耗及生产率，因此，必须合理选择切削用量。下面以图 2-3 所示的车削外圆为例进行说明。

1 切削速度 v_c

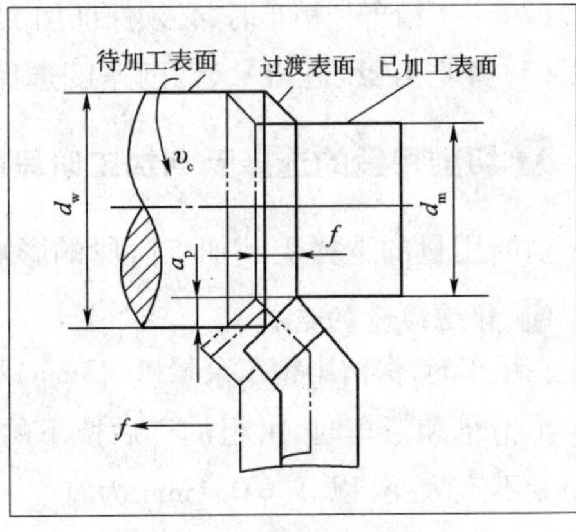

图 2-3　车削外圆时的切削用量

切削速度是指切削刃上的某选定点相对工件主运动的瞬时速度，用 v_c 表示，单位为 m/min 或 m/s。在实际生产中，往往是已知工件的直径，并根据工件材料、刀具材料和加工要求等因素选定切削速度，再将切削速度换算成主轴速度，以便调整机床，这时可把切削速度的公式改写成：

$$n = \frac{1000v_c}{\pi d}$$

式中：v_c——切削速度，m/min；

n——车床主轴转速，r/min；

d——工件或刀具的旋转直径，mm。

如果计算所得的车床转速和车床铭牌上所列的转速不一致，应选取铭牌上和计算值接近的转速。

2 进给量 f

进给量是指工件每转一周，车刀沿进给方向移动的距离，它是衡量进给运动大小的参数，单位为 mm/r。进给量分纵向进给量和横向进给量，纵向进给量是指沿车床床身导轨方向的进给量，横向进给量是指垂直于车床床身导轨方向的进给量。

3 背吃刀量 a_p

工件上已加工表面和待加工表面间的垂直距离称为背吃刀量，又称切削深度，单位为 mm。也就是每次进给时车刀切入工件的深度。

车削外圆、镗孔时，背吃刀量可按下式计算：

$$a_p = \frac{d_w - d_m}{2}$$

式中：a_p——背吃刀量，mm；

d_w——工件待加工表面直径，mm；

d_m——工件已加工表面直径，mm。

三、切削用量的选择

切削用量的选择原则：

(1)首先要选用较大的背吃刀量，然后在工艺设备和技术条件允许的情况下选择较大的进给量，最后根据刀具使用寿命选用合理的切削速度。

（2）当半精车和精车时，必须保证加工精度和表面质量，同时兼顾刀具使用寿命和生产效率。

（3）背吃刀量、进给量、切削速度选择时，应考虑加工阶段和材料的不同。

1 切削用量的选择受到加工阶段的影响

切削用量的选择受到加工阶段的影响，具体如下：

❶ 背吃刀量的选择

在粗车时，保留半精车余量（1～3mm）和精车余量（0.1～0.5mm）后，其余量应尽量一次切除。

半精车和精车时，由粗加工后留下的余量确定。用硬质合金车刀车削时，最后一刀的背吃刀量不宜太小，以 $a_p = 0.1$mm 为宜。

❷ 进给量的选择

粗车时，在工件刚度和强度允许的情况下，可选用较大的进给量。

半精车和精车时，一般多采用较小的进给量。

❸ 切削速度的选择

粗车：车削中碳钢时，平均切削速度为 80～100m/min；车削合金钢时，平均切削速度为 50～70m/min；车削灰铸铁时，平均切削速度为 50～70m/min。

半精车和精车：用硬质合金车刀精车时，一般多采用较高的切削速度（80～100m/min）；用高速钢车刀时，宜采用较低的切削速度。

2 切削用量的选择受到材料的影响

❶ 工件材料

车削铸铁和钢类工件切削用量的选择不同：铸铁类工件虽然强度不高，但因为铸造的气孔和杂质等缺陷，以及表面硬度高、切屑呈崩碎状等原因，对切削十分不利。而钢件虽然强度较高，但材料组织均匀，切屑呈带状，对切削有利。为了保护刀尖，应使刀具尽可能不接触工件的表面硬皮，在选择切削用量时，粗车铸铁类工件的背吃刀量应比车削钢类工件的背吃刀量大一些；而在选择切削速度时，为了提高车刀的耐用度，车削铸铁类工件的切削速度应比车削钢类工件的切削速度小一些。

❷ 刀具材料

使用高速钢车刀和硬质合金车刀时切削用量选择的不同：由于高速钢车刀的红硬性比硬质合金车刀差，因此在使用高速钢车刀车削时，选择的切削用量应比使用硬质合金车刀时小，特别是切削速度。

任务实施

切削加工工件，了解切削运动、切削表面、切削用量等术语，并按要求选择合适的切削用量。

任务二　切屑和积屑瘤

1. 掌握切屑的几种类型及形成的条件。
2. 了解积屑瘤的形成原因。
3. 掌握积屑瘤对加工工件的影响。

一、切削过程与切屑类型

1 切削过程

图 2-4 所示金属的切削过程，是指通过切削运动，刀具从工件表面切下多余的金属层，形成切屑和已加工表面的过程。在这个过程中会形成切屑，产生切削力、切削热与切削温度、刀具磨损等许多现象。

图 2-4　金属的切削过程

2 切屑类型

金属切削时，由于工件材料、刀具几何形状和切削用量等加工条件不同，切屑的变形程度也会随之改变，所形成的切屑形状各异，一般有以下四种基本形状，如图 2-5 所示。

❶ 带状切屑

带状切屑如图 2-5a）所示。切屑呈连绵不断的带状或螺旋状，与前刀面接触的内表面光滑，外表面呈毛茸状且在放大镜下可观察到剪切面条纹。

一般在加工塑性材料（软钢、铝），采用较大的前角，较小的背吃刀量，较高的切削速度时，会形成此类切屑。在此过程中，由于切削力变化小，切削过程稳定，因而已加工表面的表面粗糙度值较小。带状切削过长会影响机床正常工作和工人安全，因而要采取断屑措施。

❷ 节状切屑

节状切屑如图 2-5b）所示。如果切屑的滑移变形比较充分，以至达到破裂程度，产生一节节裂纹，但每一裂纹上下尚未贯穿，仅背面裂开，底面仍较光滑，称之为节状切屑。切屑是连续的，它和带状切屑不同之处在于其外表呈锯齿形，内表面有时有裂纹。

当采用小的前角、大的背吃刀量和低的切削速度加工塑性较差的材料时，会形成挤裂状切屑，又称节状切屑。

❸ 粒状切屑

粒状切屑如图 2-5c）所示。切屑不连续而呈分离的颗粒状，称之为粒状切屑。

切削塑形很大的材料（如铅、紫铜），切屑容易在前刀面上形成黏结而不易流出，产生很大的变形，超过材料强度的极限，就形成粒状切屑。在产生挤裂状和粒状切屑的过程中，切削力有较大的波动，在形成过程中会产生振动而使加工表面粗糙。粒状切屑较少见。

❹ 崩碎状切屑

崩碎状切屑如图 2-5d）所示。切削脆性材料（如铸铁、黄铜）时，形成不规则的片状或粒状切屑。由于这类材料塑性很差，强度极限较低，切削时，在切削刃和前刀面附近的金属还未经过明显塑性变形，就被挤压断或脆断而形成不规则的崩碎切屑。崩碎切屑会造成已加工表面的表面粗糙度值变大。

工件材料越脆、越硬，刀具前角越小，背吃刀量越大，越容易形成此类切屑。

在上述几种切屑中，带状切屑的变形程度较小，而且切削时的振动较小，有利于保证加工精度与减小表面粗糙度值，所以这种切屑是我们在车削时所希望得到的，但应注意它的断屑问题。

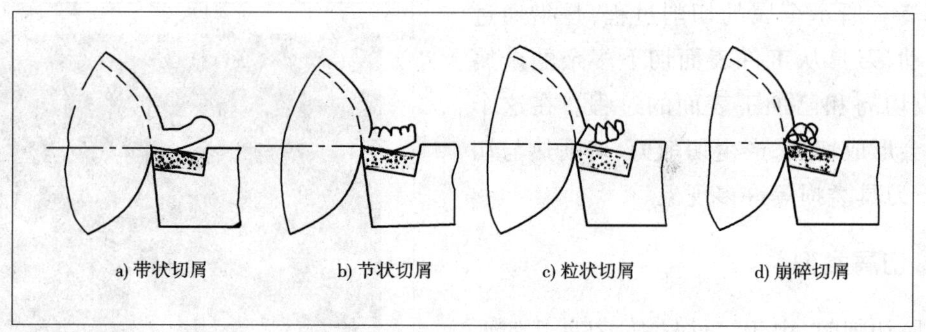

图 2-5　切屑的形状

二、积屑瘤

从切屑和工件上来的金属“冷焊”并层积在前刀面上，形成一个非常坚硬的金属堆积物，其硬度是工件材料硬度的 2～3.5 倍，能够代替切削刃进行切削，并且以一定频率生长和脱落。这种金属堆积物称为积屑瘤，如图 2-6 所示。

1 积屑瘤对加工的影响

❶ 保护刀具

积屑瘤的硬度为工件材料硬度的 2～3.5 倍，就像一个刃口圆弧半径较大的楔块，能代替切削刃进行切削，保护了切削刃和前刀面，减少了刀具的磨损。

❷ 增大实际前角

有积屑瘤的刀具，实际前角增大了，因而减小了切屑变形，降低了切削力，如图 2-7 所示。

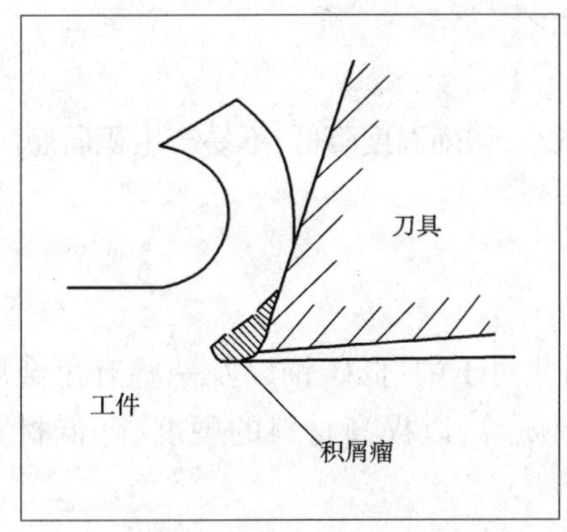

图 2-6 积屑瘤的形成

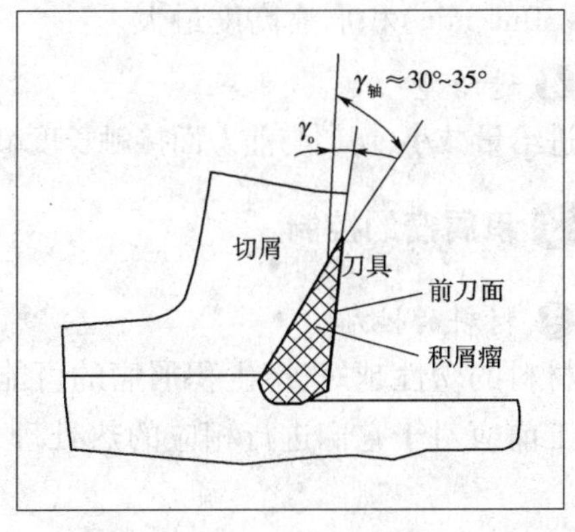

图 2-7 积屑瘤增大实际前角

❸ 对粗加工有利

粗加工时积屑瘤可参与加工，保护刀具，减少磨损。

❹ 影响工件表面质量和尺寸精度

通常条件下，积屑瘤总是不稳定的，它时大时小，时积时失，在切削过程中，一部分积屑瘤被切屑带走，一部分嵌入工件已加工表面，使工件表面形成硬点和毛刺，表面粗糙度值变大，同时也加速了刀具的磨损。同时，由于它时有时无，使切削力时大时小，增加了切削过程的振动，也增加了工件已加工表面的粗糙度值，如图 2-8 所示。

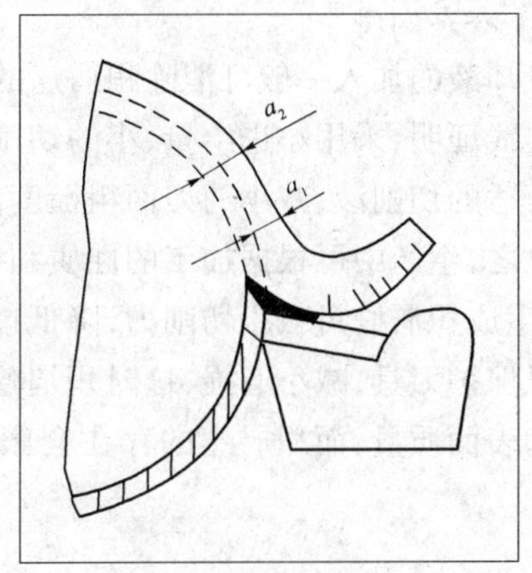

图 2-8 积屑瘤被工件和切屑带走的情况

2 积屑瘤的形成及影响因素

切削过程中，由于金属的变形和摩擦，使切屑和前刀面之间产生很大的压力和很高的温度。当摩擦力大于切屑内部的结合力时，切屑底层的一部分金属就“冷焊”在前刀面上靠近切削刃处，形成积屑瘤。

积屑瘤的形成主要取决于切削温度、接触面的压力、接触面的粗糙程度及工件和刀具材料自身的性能。影响积屑瘤的因素有：

❶ 工件材料

工件材料的塑性越好，刀具和切屑之间的接触长度越长，摩擦因数越大，切削温度越高，就越容易产生黏结，易产生积屑瘤。

❷ 前角

前角越大，刀具和切屑之间的接触长度越小，摩擦力也小，切削温度低，所以不易产生积屑瘤。

❸ 切削速度

在低速切削中碳钢时，切削温度较低，材料间不易黏结；在高速切削时，切削温度较高，材料发软，不易黏结，也就不易形成积屑瘤。切削速度不大不小时，有积屑瘤产生，在中速时(15～30m/min)积屑瘤高度最大。

❹ 进给量

进给量减小，切屑与前刀面接触长度减小，摩擦力减小，切削温度降低，不易产生积屑瘤。

3 积屑瘤的控制

❶ 材料的性质

材料的塑性越好，产生积屑瘤的可能性越大。因此对于中、低碳钢以及一些有色金属在精加工前应对于它们进行相应的热处理，如正火或调质等，以提高材料的硬度、降低材料的塑性。

❷ 切削速度

当加工中出现不想要的积屑瘤时，可提高或降低切削速度，亦可以消除积屑瘤。但要与刀具的材料、角度以及工件的形状相适应。

❸ 冷却润滑

冷却液的加入一般可消除积屑瘤的出现，而在冷却液中加入润滑成分则效果更好。

实践证明，采用小进给量、小的切削厚度、大前角和不易产生积屑瘤的速度进行切削及采用合适的切削液，减小前刀面粗糙度值，降低工件塑性，均可消减积屑瘤。

总之，生产中可根据加工的性质和要求判断积屑瘤的利弊。粗加工时，对表面质量要求不高，生成积屑瘤可减小切削力，降低能耗，或者可加大切削用量，提高生产率，同时积屑瘤还可以保护刀具，减小磨损，这时积屑瘤是有利的。精加工时，首要任务是保证工件的尺寸精度和表面质量，而积屑瘤的存在会影响加工精度和表面质量，这时应尽量避免积屑瘤的产生。

任务实施

根据不同的切削，分析产生的条件。

任务三 切削力

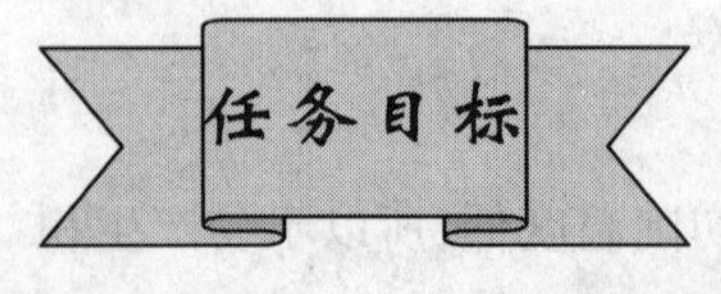

1. 掌握切削力的来源。
2. 重点掌握影响切削力大小的主要因素。
3. 掌握切削分力对工件车削的影响。

相关知识

一、切削力的来源及分解

切削时将刀具切入工件,使工件发生变形而形成切屑所需要的力,称之为切削力。在工件车削过程中总切削力 F 的来源主要有以下两个方面:

(1)变形抗力:指克服在切屑形成过程中被加工材料弹性变形和塑性变形所产生的抗力。

(2)摩擦阻力:刀具前面和切屑的摩擦力及刀具后面和工件的摩擦力。

为了实际生产的需要,或作为设计机床、夹具和刀具的依据,通常将总切削力 F 分解为具有既定方向的三个分力。图 2-9 所示为作用在刀具上的切削力(切削力的分解)。

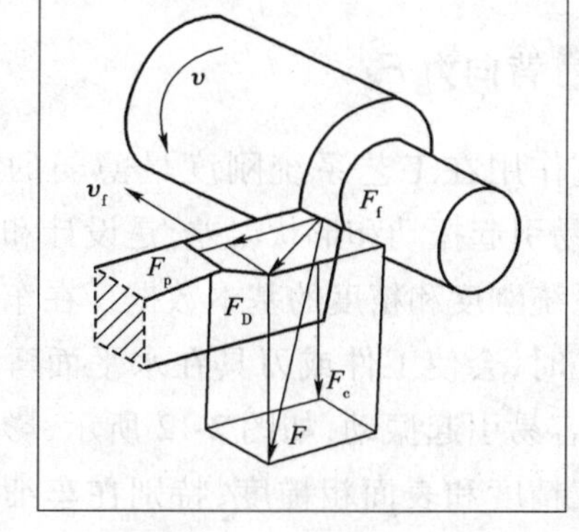

图 2-9　作用在刀具上的切削力(切削力的分解)

(1)切削力 F_c:作用在切削速度方向,即主运动方向上的分力。

(2)进给力 F_f:作用在进给方向上的分力。

(3)背向力 F_p:垂直作用在进给方向上的分力,又称径向力。

这三个分力与总切削力 F 的关系:

$$F = \sqrt{F_c^2 + F_f^2 + F_p^2}$$

在这三个分力中,切削力 F_c 最大,背向力 F_p 次之,进给力 F_f 最小。

二、切削分力对工件车削的影响

1 切削力 F_c

在车削加工中切削力所消耗的功最大,它是计算车床功率、刀柄和刀片强度、设计车床夹具以及合理选择切削用量的重要依据。它作用在刀具上,使刀杆产生弯曲,如图 2-10 所示,刀片受压,其反作用力通过工件作用于车床主运动系统上。

2 进给力 F_f

进给力通过刀具作用在车床进给系统上,是设计和考核车床进给机构强度的主要依据。

在车削外圆时，纵向切削力 F_f 使车刀在水平面内转动，如图 2-11 所示。因此，在装夹刀具时至少要用两只螺钉紧固车刀。

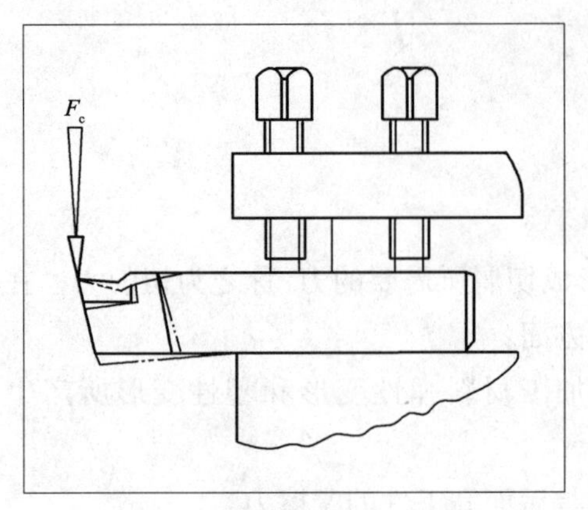

图 2-10　切削力 F_c 使刀杆产生弯曲

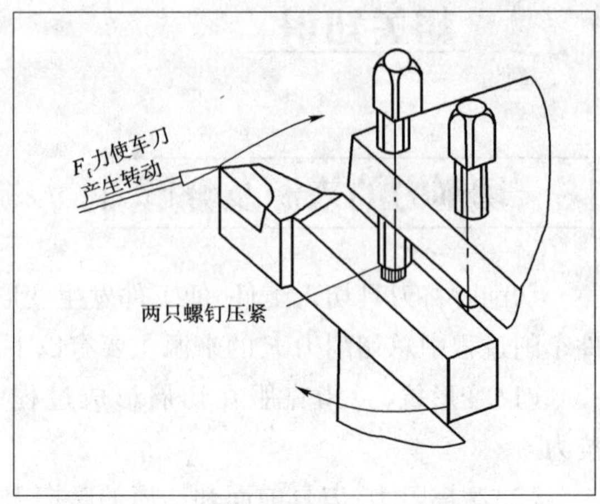

图 2-11　进给力 F_f 对车刀装夹的影响

3 背向力 F_p

它作用在工艺系统刚度最薄弱的方向上，容易引起振动和形状误差，是设计和校验工艺系统刚度和精度的基本数据。在车外圆或镗孔时，会使工件或刀具在水平面弯曲变形，并容易引起振动，如图 2-12 所示，影响工件加工精度和表面粗糙度，特别在车细长轴或镗深孔时影响最大。

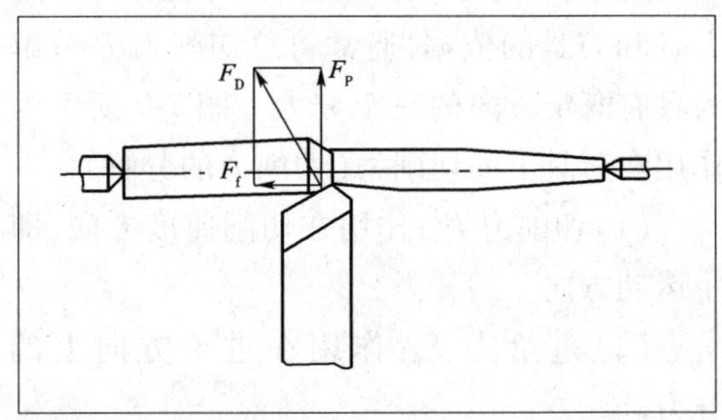

图 2-12　背向力 F_p 使工件产生弯曲

三、影响切削力大小的因素

切削力的大小跟工件材料、切削用量和刀具几何参数等因素有关。

1 工件材料

工件材料的强度和硬度越大，刀具在车削过程中所产生的切削力也越大。工件材料的塑性、韧性、温度、强度（如不锈钢）越高，切削力也越大。

车削脆性材料（如灰铸铁）或易切削钢时，切屑变形小、切屑与刀具前面之间摩擦力小，切削力也小。

2 切削用量

背吃刀量、进给量以及切削速度对切削力的影响如下：

（1）背吃刀量和进给量越大，切下的金属材料越多，切削力也越大。当背吃刀量增加一倍时，切削力也增大一倍。当背吃刀量太大时就会造成闷车，说明背吃刀量对切削力的影响很大。

(2)当进给量增加一倍时,切削力增大不到一倍。因此在切削加工中常用减小背吃刀量,加大进给量的方法来降低切削力。

(3)切削速度对切削力的影响比较小,在硬质合金车刀常用的切削速度范围内,随着切削速度的提高,切削力略有下降。因此采用高速切削有利于减小切削力。

3 刀具几何参数

刀具的几何参数对切削力的影响如下:

(1)切削塑性较大的材料时,车刀的前角越大,切削越轻快,切削力也越小。切削脆性较大的材料时,车刀前角对切削力影响较小。

(2)在进给量相同的情况下,当车刀主偏角增大时,背向力减小,因此车细长轴或镗深孔时,常采用主偏角为75°~90°的车刀,避免工件弯曲变形过大而引起振动,影响工件的加工质量。

(3)刀尖圆弧半径大,在车削过程中,背向力也会增大,在切削刚性较差的工件时,为了防止振动,不宜采用大的圆弧半径。

4 刀具材料

在相同的车削条件下,刀具材料的硬度越高,切削力越小。

5 切削液

在切削过程中,使用切削液,特别是润滑性能好的切削液,可以降低切削温度,减少摩擦热,降低切削力。

任务实施

在 $a_p=5\text{mm}$、$f=0.5\text{mm/r}$ 的条件下,车削钢材时,估算切削分力。

切削分力的估算和切削功率的估算。

1 切削分力的估算

总切削力的影响因素很多,要想准确的计算总切削力是十分复杂的,生产实践中,一般采用以下公式估算切削分力的大小。

车削钢料时:

$$F_c=2000a_pf$$

车削铸铁时:

$$F_c=1000a_pf$$

式中：F——切削力，N；

a_p——背吃刀量，mm；

f——进给量，mm/r。

通常情况下，取 $F_p = 0.4F_c$，$F_f = 0.25F_c$。例如，在 $a_p = 5mm$、$f = 0.5mm/r$ 的条件下，车削钢材时，其切削分力为：

$$F_c = 2000 \times 5 \times 0.5N = 5000N$$

$$F_p = 0.4 \times 5000N = 2000N$$

$$F_f = 0.25 \times 5000N = 1250N$$

2 切削功率的估算

切削功率是各切削分力所消耗的功率总和。但在一般情况下，背向力不做功，进给力所消耗的功率很小，故切削功率常按下式计算：

$$P_m = \frac{F_c v_c}{1000}$$

式中：P_m——切削功率，kW；

v_c——切削速度，m/s。

机床电动机的功率（P_E）为

$$P_E \geqslant \frac{P_m}{\eta_m}$$

式中：η_m——机床传动效率，一般取 0.75～0.85。

任务四　切削热和切削温度

1. 了解切削热的基本概念。
2. 了解切削热来源及传散方式。
3. 掌握切削温度的概念及温度高低的判别方法。

一、切削热的来源和传散

切削热是指在切削过程中，由变形抗力和摩擦阻力所消耗的能量而转变的热能。如图

2-13 所示，切削热和由此产生的切削温度，直接影响刀具的磨损和使用寿命，限制切削速度的提高，并影响工件的精度和表面质量，尤其是在高速切削时更应注意。

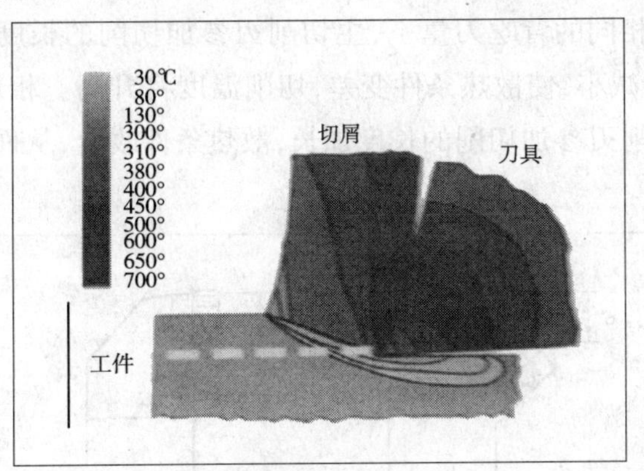

图 2-13　切削热

切削热来自切削层金属发生弹性和塑性变形产生的热量及切屑与前刀面、工件与后刀面摩擦产生的热量，切削过程中上述变形与摩擦消耗的功绝大部分(99%)均转化为热能。切削时所产生的热不断地通过切屑、工件、刀具与介质(空气、冷却润滑液)进行传播和扩散，例如，以中等切削速度干车削钢件时，其切削热的传散比例：切屑为 50% ~86%、工件为 10% ~40%、刀具为 3% ~9%、空气为 1%。由此可看出，车削时由切屑所传散的切削热占一半以上，并且切屑越厚，切削速度越高，被切屑所带走的热也就越多。

二、切削温度及其切削温度高低的判断

在车刀刀尖部分的切削热最集中，而散热条件最差，因此温度升得最高，这个温度称为切削温度，但一般是指刀具表面的平均温度。切削温度太高，会使车刀的切削部分软化，加剧磨损，并对工件的尺寸精度和表面粗糙度有显著影响。因此，在车削时需注意控制切削温度的升高。

切削温度可以测量得到，但在实际生产中，常常凭经验目测切屑的颜色来判别切削温度。切屑颜色有银白色、淡黄色、紫色以及紫黑色等多种，颜色越深，表示切削温度越高。在车削普通的中、低碳钢(如 20 号钢、45 号钢)工件时，如果切屑颜色由银白色或淡黄色显著变深，呈现紫色甚至紫黑色，便表示切削温度已过高，必须及时采取措施来改善切削条件，降低切削温度。

三、影响切削温度的主要因素

影响切削温度的因素主要有刀具角度、切削用量、工件材料、切削液等。

1 刀具角度

前角的大小直接影响切削过程中的变形和摩擦，所以它对切削温度的影响较明显。例

如前角增大，变形减小，产生的切削热少，切削温度降低。但如果前角过大，则因刀具的散热面积减小，切削温度不会进一步降低。

加大主偏角后，在相同的背吃刀量下，主切削刃参加切削的长度 L 缩短，使切削热相对集中，并由于刀尖角 ε_r 减小，使散热条件变差，切削温度将升高。相反，若适当减小主偏角，则使刀尖角加大，主切削刃参加切削的长度加长，散热条件改善，从而降低了切削温度，如图 2-14 所示。

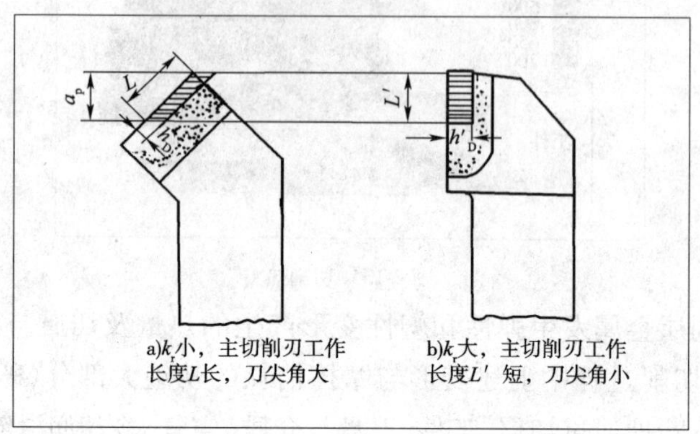

图 2-14　主偏角对主切削刃工作长度和刀尖角的影响

2 切削用量

（1）切削速度 v_c：切削速度对切削温度的影响最大，因为随着切削速度的提高，由摩擦而产生的热量也随之增大，但切屑变形却小了，切屑流出的速度和带走的热量也增加，所以切削热和切削温度不与切削速度成正比例地增加。从试验得知，切削速度提高一倍，切削温度增加 30% ~40%。

（2）进给量 f：加大进给量，单位时间内切除的金属增多，虽然产生的切削热也增多，但由切屑带走的热量也增加，所以进给量加大一倍，切削温度只增高 15% ~20%。

（3）背吃刀量 a_p：背吃刀量对切削温度的影响很小，因为背吃刀量增大后，切削热虽然成正比例增多，但因主切削刃参加切削的长度也成正比例增长，改善了散热条件，所以背吃刀量加大一倍，切削温度仅增高 5% ~8%。

综上所述，切削用量对切削温度的影响：其中切削速度 v_c 最大，进给量 f 次之，背吃刀量 a_p 最小。

3 工件材料

工件材料的硬度和强度越高，切削时消耗的功与产生的切削热越多，切削温度也就越高。

4 切削液

使用切削液能起冷却和润滑作用，可以减少切削热的产生和降低切削温度。

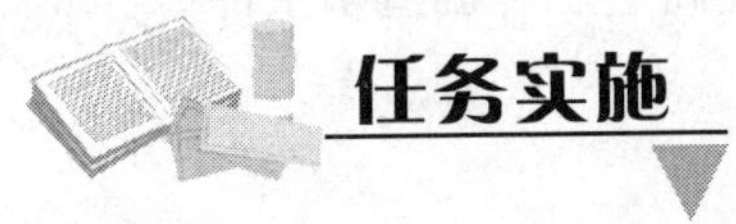

任务实施

观察切屑颜色，判断切削温度，并采用合理的方法降低切削温度。

任务五　切削液

任务目标

1. 了解切削液的种类和作用。
2. 正确选择切削液。
3. 掌握浇注切削液需要注意的问题。

相关知识

在切削加工过程中，会产生大量的热，从而使刀具受热磨损，缩短使用寿命，同时，工件受热变形，表面质量降低，为了提高切削加工效果（增加切削润滑，降低切削区温度），在切削加工过程中使用的液体被称为切削液。图 2-15 所示喷出的乳白色液体即为切削液。

图 2-15　切削液

一、切削液的作用

1 冷却作用

切削液能吸收并带走切削区域大量的热量，降低刀具和工件的温度，从而延长刀具的使用寿命,并能减小工件因热变形而产生的尺寸误差,同时也为提高生产率创造了条件。

2 润滑作用

切削液能渗透到工件与刀具之间,在切屑与刀具的微小间隙中形成一层很薄的吸附膜,因此可减小刀具与切屑、刀具与工件间的摩擦,减少刀具的磨损,使排屑流畅,并提高工件的表面质量。

3 清洗作用

车削过程中产生的细小切屑容易吸附在工件和刀具上,尤其是铰孔和钻深孔时,切屑更容易堵塞。如加注足够流量的具有一定压力的切削液,则可将切屑迅速冲走,使切削顺利进行。

二、切削液的种类

车削时常用的切削液有乳化液和切削油两大类。

1 乳化液

乳化液是用乳化油加 15 ~20 倍的水稀释而成,主要起冷却作用。其特点是黏度小、流动性好、比热容大,能吸收大量的切削热,但其中水分较多,故润滑、防锈性能差。通常要加入一定量的硫、氯等添加剂和防锈剂,以提高润滑效果和防锈效果。

2 切削油

切削油的主要成分是矿物油,少数采用动物油和植物油。这类切削热的比热容小,黏度较大,散热效果稍差,流动性差,但润滑效果比乳化液好,主要起润滑作用。

常用的切削油是黏度较低的矿物油,如 10 号、20 号机油和轻柴油、煤油等。由于纯矿物油的润滑效果不理想,通常在其中加入一定量的添加剂和防锈剂,以提高其润滑效果和防锈效果。动物油、植物油作切削油虽然能形成较牢固的润滑膜,润滑效果较好,但因容易变质,而使其应用受到限制。

三、切削液的选用

切削液的种类很多、性能各异,在车削过程中应根据加工性质、工艺特点、工件和刀具材料等具体条件来合理选用。

1 根据加工性质选用

(1)粗加工:为了降低切削温度,延长刀具使用寿命,在粗加工中应选择冷却作用为主的乳化液。

(2)精加工:为了减少切屑、工件与刀具间的摩擦,保证工件的加工精度和表面质量,应选择润滑性能较好的极压切削油或高浓度极压乳化液。

(3)半封闭式加工:如钻孔、铰孔和深孔加工时,排屑、散热条件均非常差,这样不仅使刀具容易退火、刀刃硬度下降、刀刃磨损严重,而且严重地拉毛了加工表面。为此,须选用黏度较小的极压切削油或极压乳化液,并加大切削液的压力和流量,这样,一方面进行冷却、润滑,另一方面可将部分切屑冲刷出来。

2 根据工件材料选用

(1)一般钢件:粗车时,选乳化液;精车时,选硫化油。

(2)车削铸铁、铸铝等脆性金属,为了避免细小切屑堵塞冷却系统或黏附在机床上难以清除,一般不用切削液。但在精车时,为了提高工件表面加工质量,可选用润滑性好、黏度小的煤油或7% ~10%的乳化液。

(3)车削有色金属或铜合金时,不要采用含硫的切削液,以免腐蚀工件。

(4)车削镁合金时,不能用切削液,以免燃烧起火,必要时,可用压缩空气冷却。

(5)车削难加工材料,如不锈钢、耐热钢等,应选用极压切削油或极压乳化液。

3 根据刀具材料选用

(1)高速钢刀具:粗加工选用乳化液,精加工钢件时,选用极压切削油或浓度较高的极压乳化液。

(2)硬质合金刀具:为避免刀片因骤冷或骤热而产生崩裂,一般不使用冷却润滑液。

四、切削液的使用注意事项

为了使切削液达到应有的效果,在使用时必须注意以下几点:

(1)用硬质合金车刀切削时,一般不加切削液。如果使用切削液,必须一开始就连续充分地浇注,否则硬质合金刀片会因骤冷而产生裂纹。

(2)油状乳化油必须用水稀释后才能使用,但是乳化液会污染环境,应尽量选用环保型切削液。

(3)切削液必须浇注在切削区域,即过渡表面、切屑和前刀面接触的区域,因为此处产生的热量多,最需要冷却润滑,如图2-16所示。

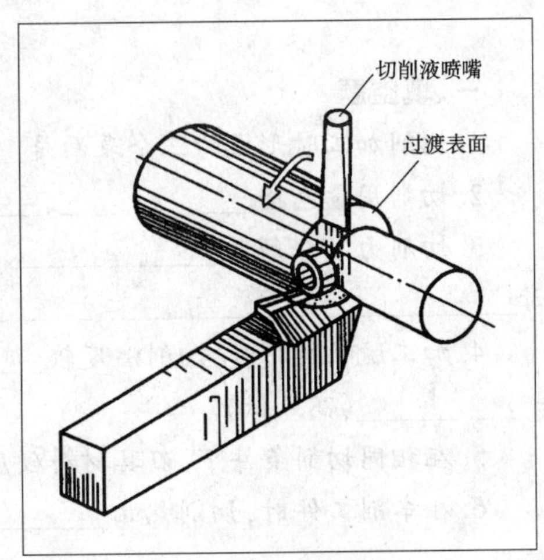

图2-16 最需冷却的位置

(4)控制好切削液的流量。流量太小或断续使用都起不到应有的作用,流量太大,则会造成切削液的浪费。加注切削液的平均流量为10 ~20L/min。

(5)加注切削液可以采用浇注法和高压冷却法。浇注法是一种简便易行、应用广泛的方法，一般车床均有这种冷却系统，如图 2-17 所示。高压冷却法(图 2-18)是通过较高的压力和流量将切削液喷向切削区，这种方法一般用于半封闭加工或车削难加工材料时使用。

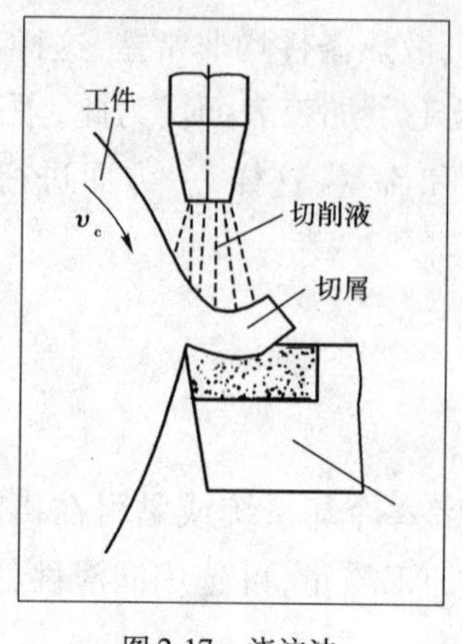

图 2-17　浇注法

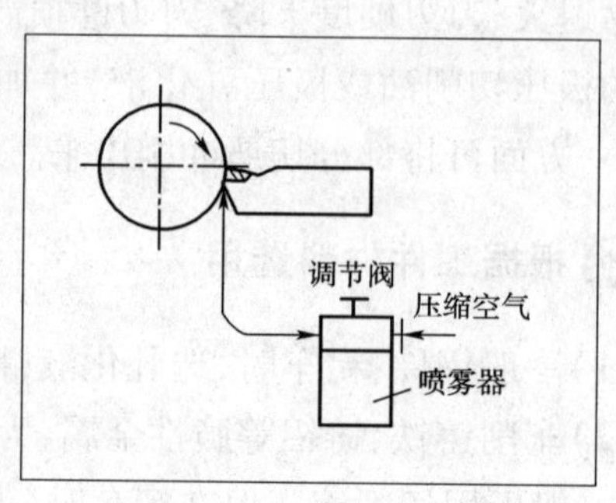

图 2-18　高压冷却法

任务实施

各种工件(如铜、铝、钢、铸铁)，不同刀具(高速钢刀具、硬质合金刀具)正确选择切削液。

思考题

一、填空题

1. 切削加工时形成的三个表面是__________、__________、__________。

2. 切削用量包括__________、__________、__________。

3. 切削力可分解为__________、__________、__________三个分力，即分别用字母__________、__________、__________表示。

4. 加工脆性材料时，切削温度较__________(高或低)；加工塑性材料时，切削温度较__________(高或低)。

5. 在相同切削条件下，刀具材料硬度越大，切削力越__________。

6. 在车削工件时，切削热由__________、__________、__________、__________传散。

7. 切削用量中__________对切削温度影响最大；__________次之；__________最小。

8. 主偏角减小，切削时的散热条件__________(好或坏)，切削温度__________(降低或提高)。

9. 车刀前角对切削温度的影响__________(大或小),前角增大,切削温度__________。

10. 切削液的种类有__________、__________。

11. 粗车工件时,应选择__________切削液,精加工件时,应选择__________切削液。

12. 切削时采用高速钢刀具时,粗加工工件时选择__________切削液,精加工工件时选择__________切削液。

13. 切削铸铁时一般采用__________切削液,切削钢件时采用__________切削液。

二、简答题

1. 什么是主运动?什么是进给运动?
2. 切削用量的选择原则是什么?
3. 产生积屑瘤的原因是什么?
4. 积屑瘤有什么优缺点,怎样防止它的产生?
5. 切屑的种类有哪些,哪种切屑比较好?
6. 什么是切削力,切削力来源于哪些方面?
7. 影响切削力的因素有哪些?
8. 切削热是怎么来的?切削热有何危害?它是怎样传散的?
9. 切削力怎样计算?
10. 何谓切削温度,如何根据切屑颜色来判断切削温度?
11. 切削温度对切削加工有哪些影响?
12. 影响切削温度的因素有哪些?
13. 切削液有什么作用?有哪几种?
14. 如何选择切削液?
15. 浇注切削液要注意哪些问题?

项目三 量具、刀具和夹具

任务一 认识量具

1. 了解常用量具的读数原理、类型、特点和应用。
2. 掌握量具使用方法。

一、游标卡尺

1 游标卡尺介绍

游标卡尺(图 3-1)是一种测量长度、内外径、深度的量具。游标卡尺由尺身和附在主尺上能滑动的游标两部分构成,如图 3-2 所示。游标上部有一紧固螺钉,可将游标固定在尺身上的任意位置。尺身一般以毫米为单位,而游标上则有 10、20 或 50 个分格,根据分格的不同,游标卡尺可分为十分度游标卡尺、二十分度游标卡尺、五十分度游标卡尺等。

2 游标卡尺的刻线原理和读数方法

游标卡尺在读数时首先以游标零刻度线为准在尺身上读取毫米整数,即以毫米为单位的整数部分。然后看游标上第几条刻度线与尺身的刻度线对齐，如第6条刻度线与尺身刻度线对齐，则小数部分即为0.6mm（若没有正好对齐的线，则取最接近对齐的线进行读数）。如有零误差，则一律用上述结果减去零误差（零误差为负，相当于加上相同大小的零误差），读数结果为：

$$L=整数部分+小数部分-零误差$$

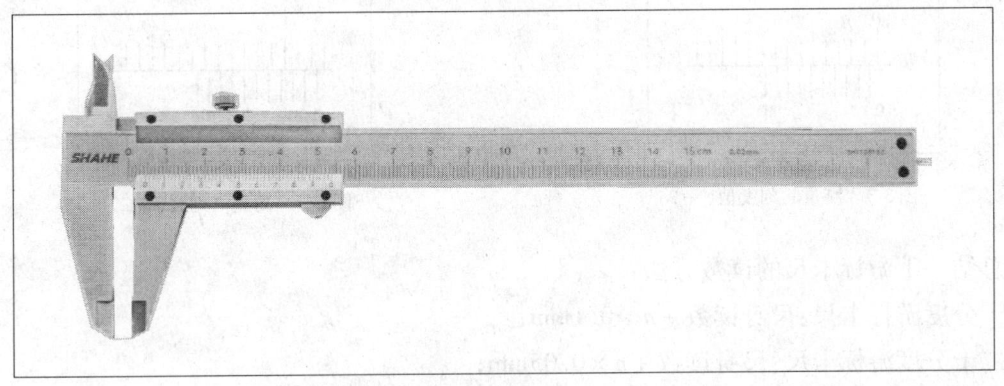

图3-1　游标卡尺

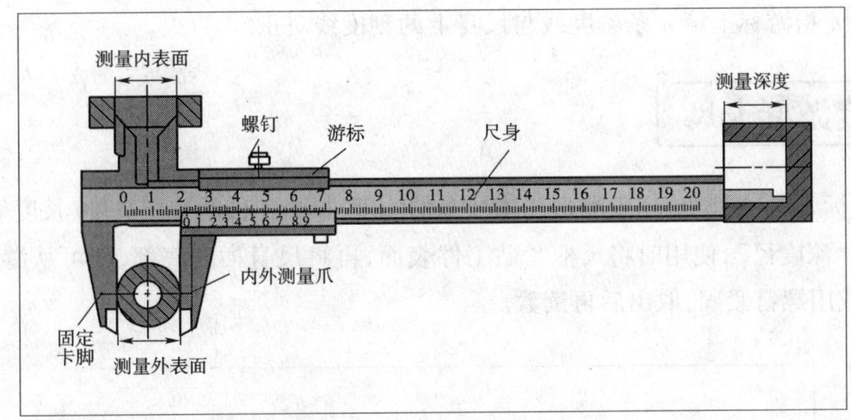

图3-2　游标卡尺各部分名称

判断游标上哪条刻度线与尺身刻度线对准，可用下述方法：选定相邻的三条线，如左侧的线在尺身对应线之右，右侧的线在尺身对应线之左，中间那条线便可以认为是对准了，如图3-3所示。

$$L=对准前刻度+游标上第 n 条刻度线与尺身的刻度线对齐乘以分度值$$

如果需测量几次取平均值，不需每次都减去零误差，只要从最后结果减去零误差即可。

首先我们要了解游标卡尺的读数原理。游标卡尺的结构如图3-2所示，主要结构是两个部分：尺身和能沿着主尺滑动的游标。当外测量爪内侧的两个刃接触时，游标上的0刻度与尺身上的0刻线正好对齐。因此，游标的0刻度在尺身上所指的读数就是外测量爪内侧的两个刃之间的距离。游标卡尺尺身的最小分度是1mm，读数的精确度与一般的刻度尺没有区别。

游标卡尺读数举例如下：

测量某一长度时游标与尺身的相对位置如图3-4所示。

由上图可以分析出这个读数比7mm大,比8mm小。我们还看到游标上第7条刻度线(不计0刻度线)与尺身上14mm的刻度线对正了。由此可知,第6条刻度线与尺身13mm刻度线相差0.1mm,第5条刻度线与尺身12mm刻度线相差0.2mm,以此类推,0刻度线与尺身7mm刻度线之间相差0.7mm。被测长度等于7mm+0.7mm=7.7mm。

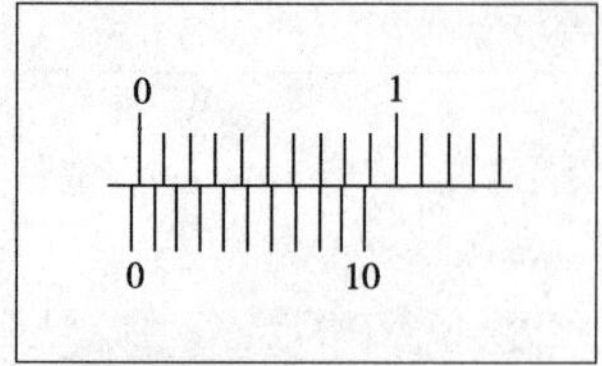

图3-3 测量的刻度值(一)

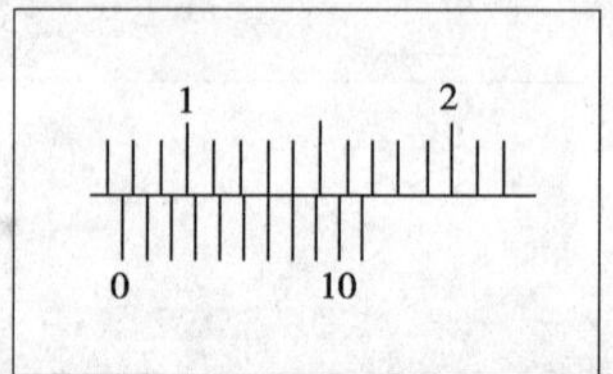

图3-4 测量的刻度值(二)

总结一下游标卡尺的读数方法:

十分度游标卡尺:尺身读数 + n ×0.1mm;

二十分度游标卡尺:尺身读数 + n ×0.05mm;

五十分度游标卡尺:尺身读数 + n ×0.02mm;

这里的 n 指游标上第 n 条刻度线与尺身上的刻度线对正。

二、深度游标卡尺

深度游标卡尺(图3-5)用于测量凹槽或孔的深度、梯形工件的梯层高度、长度等尺寸,平常被简称为“深度尺”,使用时将尺框紧贴工件表面,再将尺身插到底部,即可从游标上读出测量尺寸,或用螺钉紧固,取出后再读数。

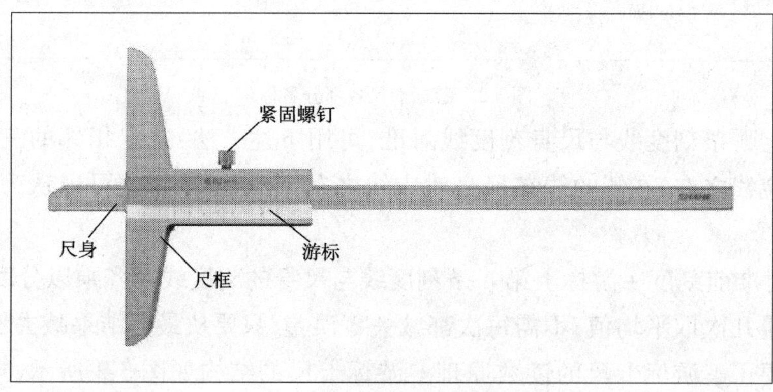

图3-5 深度游标卡尺

三、高度游标卡尺

高度游标卡尺(图3-6)用于测量工件的高度和进行划线。它有可更换的测量爪,以适应不同的需要。在测量顶面到底面的距离时要注意,应加上测量爪的厚度。

四、游标万能角度尺

游标万能角度尺是用于直接测量工件角度的量具，实物如图 3-7 所示，它可以测量 2°～320°范围内的任何角度。

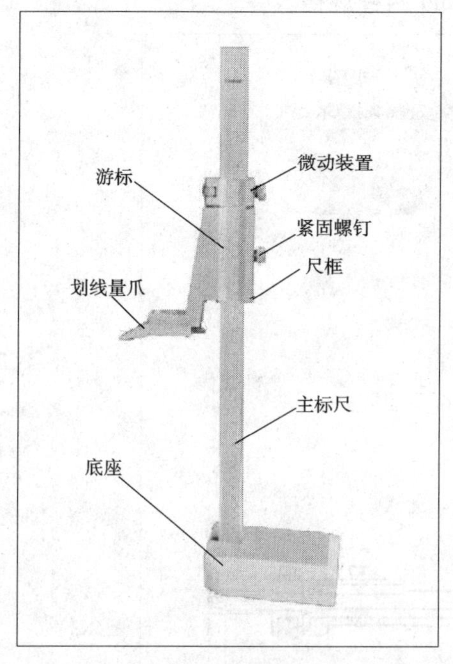

图 3-6 高度游标卡尺

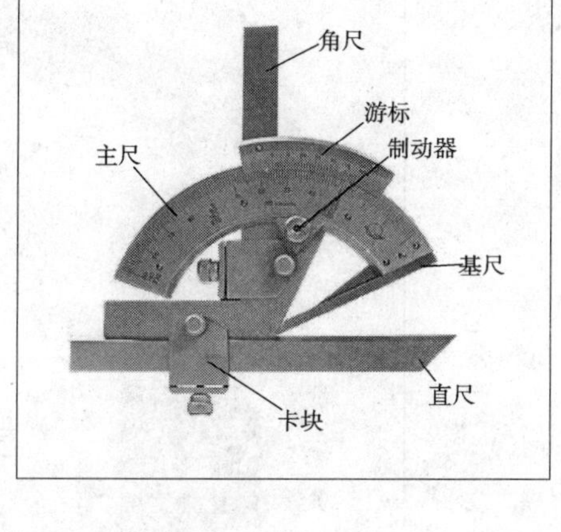

图 3-7 游标万能角度尺

游标万能角度尺的基尺可带动主尺沿着游标转动，转到所需角度时，可用制动器锁紧。角尺和直尺可更换，卡块可将角尺和直尺固定在所需的位置上。

测量时，可转动背面的捏手，通过小齿轮转动扇形齿轮，使基尺改变角度。

游标万能角度尺常用的读数值为 2，其读数方法与游标卡尺的读数方法相似。

游标万能角度尺测量工件的方法如图 3-8 所示。

图 3-8 游标万能角度尺测量图

五、齿厚游标尺

齿厚游标尺主要用于测量齿轮的固定弦尺厚和分度圆尺厚。其结构如图 3-9 所示，由两把相互垂直的游标卡尺组成，游标读数值均为 0.02mm。其测量范围根据不同的横数有不同的规格，常见的有测量模数为 1～18mm 和 5～36mm 两种规格。

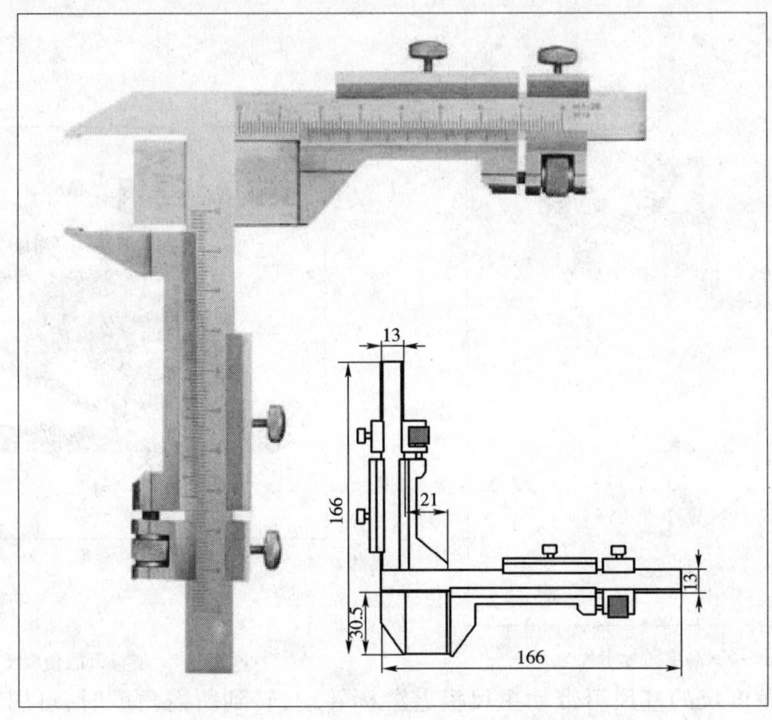

图 3-9　齿厚游标尺

齿厚游标尺在使用时，首先用齿高尺调整好固定弦到尺顶的高度，用制动螺钉固定，将齿高量爪的断面靠在齿顶上，此时从齿厚尺上读出的读数即为固定弦齿厚。

六、带表尺和数显卡尺

带表卡尺如图 3-10 所示，在尺身上指示其读数的整数部分，在指示表上指示读数的小数部分。

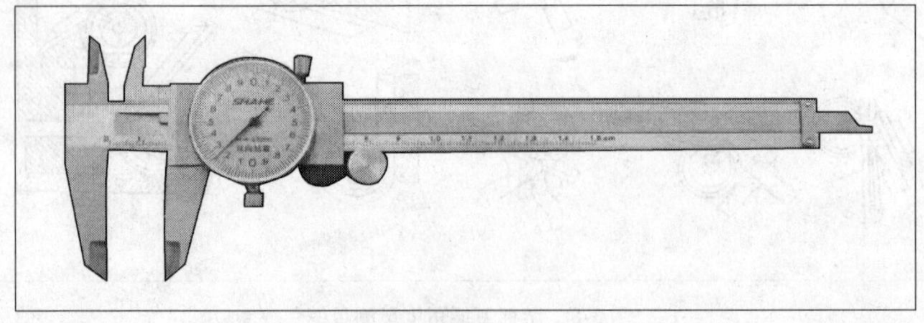

图 3-10　带表卡尺

数显卡尺是用容栅测量系统和数字显示器进行读数的长度测量仪器，其结构如图3-11所示。

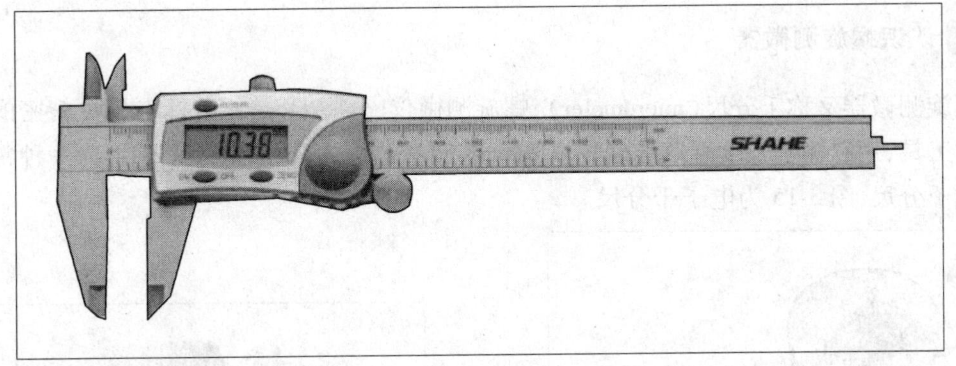

图3-11　数显卡尺

七、塞尺和塞规

1 塞尺

塞尺由一组具有不同厚度级差的薄钢片组成的量规，如图3-12所示。塞尺用于测量间隙尺寸。在检验被测尺寸是否合格时，可以用通止法判断，也可由检验者根据塞尺与被测表面配合的松紧程度来判断。塞尺一般用不锈钢制造，最薄的为0.02mm；最厚的为3mm。自0.02～0.1mm之间，各钢片厚度级差为0.01mm；自0.1～1mm之间，各钢片的厚度级差一般为0.05mm；自1mm以上，钢片的厚度级差为1mm。

2 塞规

塞规是批量检测孔径的量具，有两个圆头，一头称为通规，是孔径的下偏差，另一头称为止规，是孔径的上偏差。在检测孔径时，通规能塞进去而止规塞不进去，则此孔径合格，孔径在公差范围之内，否则不合格，如图3-13所示。

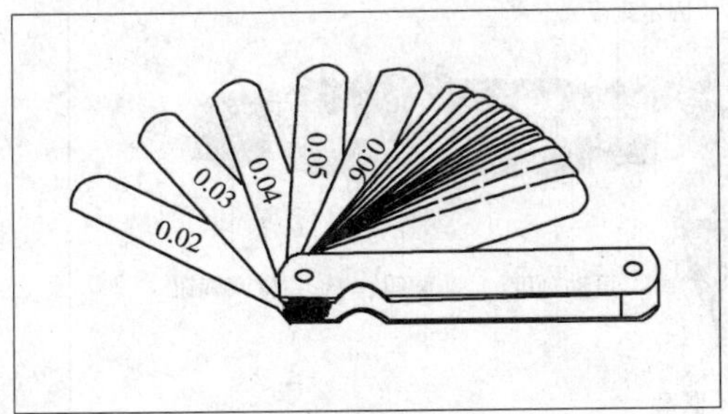

图3-12　塞尺

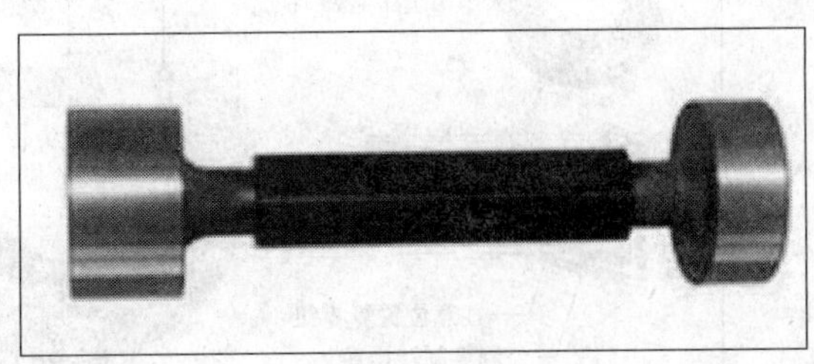

图3-13　塞规

八、螺旋测微器

1 认识螺旋测微器

螺旋测微器又称千分尺(micrometer)、螺旋测微仪、分厘卡,是比游标卡尺更精密的测量长度的工具,用它测量长度可以准确到0.01mm,测量范围为几厘米。图3-14为一种常见的机械式千分尺,图3-15为电子千分尺。

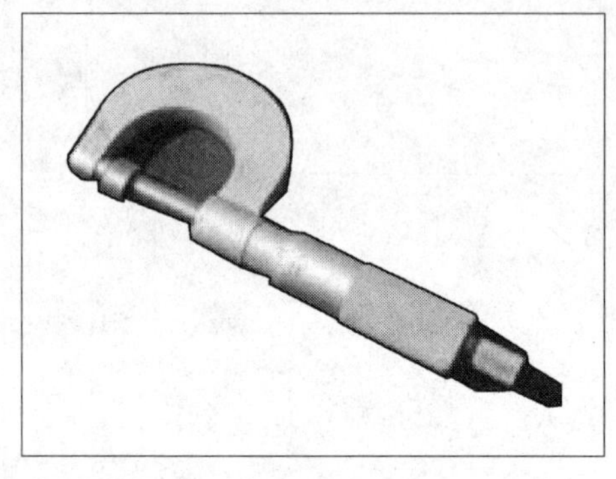

图3-14 机械式千分尺

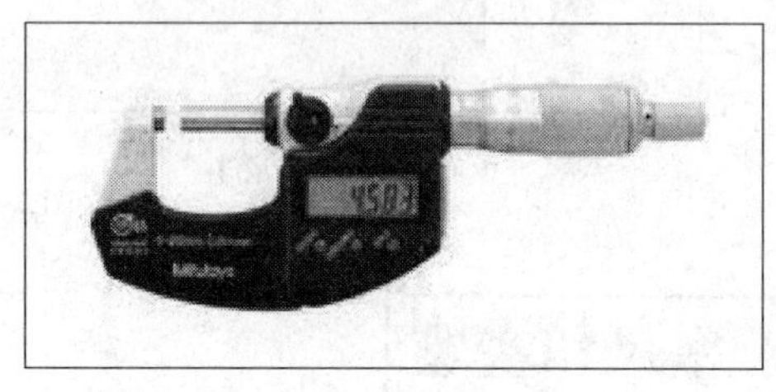

图3-15 电子千分尺

2 螺旋测微器的分类

螺旋测微器分为机械式千分尺和电子千分尺两类:

(1)机械式千分尺(简称千分尺)是利用精密螺纹副原理测量长度的手携式通用长度测量工具。千分尺的品种很多,改变千分尺测量面形状和尺架等就可以制成不同用途的千分尺,如用于测量内径、螺纹中径、齿轮公法线或深度等的千分尺。

(2)电子千分尺:又称数显千分尺,测量系统中应用了光栅测长技术和集成电路等。

3 螺旋测微器组成

螺旋测微器的组成如图3-16所示。

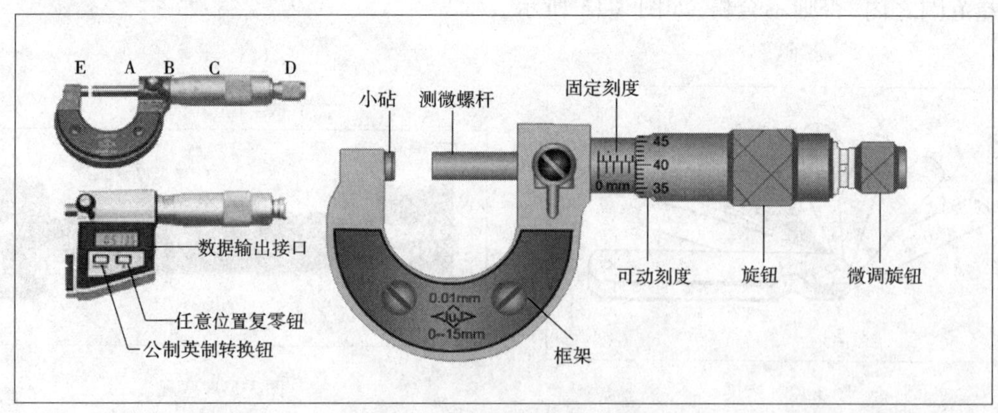

图3-16 螺旋测微器组成部分图解

图上 A 为测杆,它的一部分加工成螺距为 0.5mm 的螺纹,当它在固定套管 B 的螺套中转动时,将前进或后退,活动套管 C 和螺杆连成一体,其周边等分成 50 个分格。螺杆转动的整圈数由固定套管上间隔 0.5mm 的刻线去测量,不足一圈的部分由活动套管周边的刻线去测量。所以用螺旋测微器测量长度时,读数也分为两步:

(1)从活动套管的前沿在固定套管的位置,读出整圈数。

(2)从固定套管上的横线所对活动套管上的分格数,读出不到一圈的小数,两者相加就是测量值。

螺旋测微器的尾端有一装置 D,拧动 D 可使测杆移动,当测杆和被测物相接后的压力达到某一数值时,棘轮将滑动并有咔咔的响声,活动套管不再转动,测杆也停止前进,这时就可以读数了。

不夹被测物而使测杆和小砧 E 相接时,活动套管上的零刻线应当刚好和固定套管上的横线对齐。实际操作过程中,由于使用不当,初始状态多少和上述要求不符,即有一个不等于零的读数。所以,在测量时要先看有无零误差,如果有,则须在最后的读数上去掉零误差的数值。

4 螺旋测微器原理和使用

螺旋测微器是依据螺旋放大的原理制成的,即螺杆在螺母中旋转一周,螺杆便沿着旋转轴线方向前进或后退一个螺距的距离。因此,沿轴线方向移动的微小距离,就能用圆周上的读数表示出来。螺旋测微器的精密螺纹的螺距是 0.5mm,可动刻度有 50 个等分刻度,可动刻度旋转一周,测微螺杆可前进或后退 0.5mm,因此旋转每个小分度,相当于测微螺杆前进或推后 0.5/50mm = 0.01mm。可见,可动刻度每一小分度表示 0.01mm,所以螺旋测微器可准确到 0.01mm。由于还能再估读一位,可读到毫米的千分位,故又称千分尺。

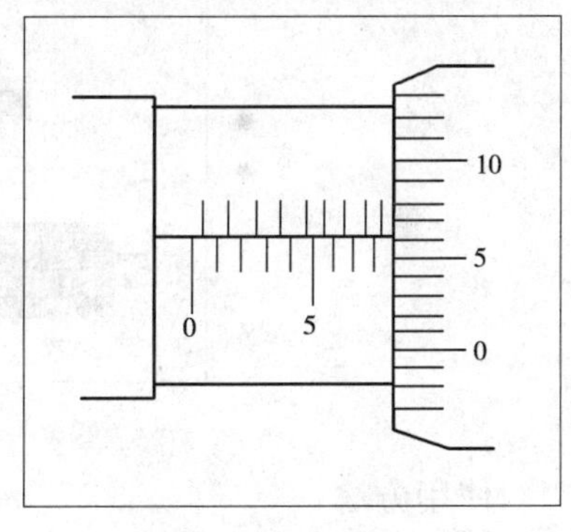

图 3-17　测量值

测量时,当小砧和测微螺杆并拢时,可动刻度的零点若恰好与固定刻度的零点重合,旋出测微螺杆,并使小砧和测微螺杆的面正好接触待测长度的两端,那么测微螺杆向右移动的距离就是所测的长度。这个距离的整毫米数由固定刻度上读出,小数部分则由可动刻度读出。图 3-17 所示的读数为 8.561mm。

5 螺旋测微器的注意事项

(1)测量时,在测微螺杆快靠近被测物体时应停止使用旋钮,而改用微调旋钮,避免产生过大的压力,既可使测量结果精确,又能保护螺旋测微器。

(2)在读数时,要注意固定刻度尺上表示半毫米的刻线是否已经露出。

(3)读数时,千分位有一位估读数字,不能随便扔掉,即使固定刻度的零点正好与可动刻度的某一刻度线对齐,千分位上也应读取为“0”。

(4)当小砧和测微螺杆并拢时,可动刻度的零点与固定刻度的零点不相重合,将出现零误差,应加以修正,即在最后测长度的读数上去掉零误差的数值。

6 螺旋测微器的正确使用和保养

(1)检查零位线是否准确;

(2)测量时需把工件被测量面擦干净;

(3)工件较大时应放在 V 形铁或平板上测量;

(4)测量前将测量杆和砧座擦干净;

(5)拧活动套筒时需用棘轮装置;

(6)不要拧松后盖,以免造成零位线改变;

(7)不要在固定套筒和活动套筒间加入普通机油;

(8)用后擦净上油,放入专用盒内,置于干燥处。

九、内径千分尺

内径千分尺如图 3-18 所示,利用螺旋副原理对主体两端球形测量面间分隔的距离,进行读数的通用内尺寸测量工具。

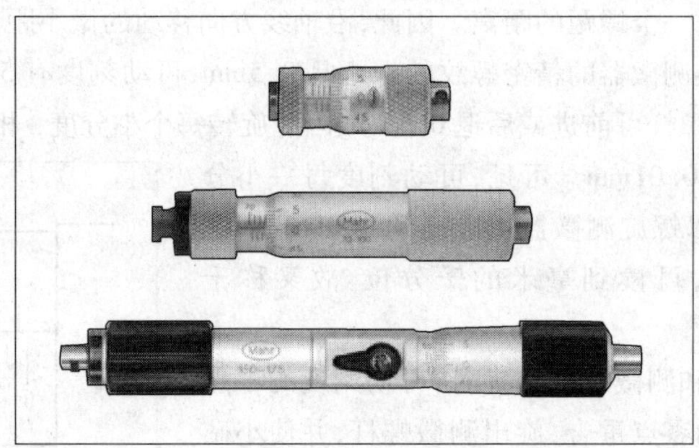

图 3-18 内径千分尺

使用方法:

(1)内径千分尺在测量及其使用时,必须用尺寸最大的接杆与其测微头连接,依次顺接到测量触头,以减少连接后的轴线弯曲。

(2)测量时应看测微头固定和松开时的变化量。

(3)在日常生产中,用内径千分尺测量孔时,将其测量触头测量面支撑在被测表面上,调整微分筒,使微分筒一侧的测量面在孔的径向截面内摆动,找出最小尺寸,然后拧紧固定螺钉取出并读数,也有不拧紧螺钉直接读数的。这样就存在着姿态测量问题,姿态测量即测量时与使用时的一致性。例如:使用 75 ~ 600/0.01mm 的内径千分尺时,接长杆与测微头连接后尺寸大于 125mm 时,其拧紧与不拧紧固定螺钉时读数值相差 0.008mm 即为姿态测量误差。

(4)内径千分尺测量时支撑位置要正确。接长后的大尺寸内径千分尺重力变形,涉及直线度、平行度、垂直度等形位误差。其刚度的大小,具体可反映在“自然挠度”上。理论和实验结果表明由工件截面形状所决定的刚度对支撑后的重力变形影响很大。如不同截面形状的内径千分尺其长度 L 虽相同,当支撑在(2/9)L 处时,都能使内径千分尺的实测值误差符合要求。但支撑点稍有不同,其直线度变化值就较大。所以在国家标准中将支撑位置移到最大支撑距离位置时的直线度变化值称为“自然挠度”。为保证刚性,在我国国家标准中规定了内径千分尺的支撑点要在(2/9)L 处和在离端面 200mm 处,即测量时变化量最小。并将内径千分尺每转 90°检测一次,其示值误差均不应超过要求。

十、深度千分尺

深度千分尺是利用螺旋副原理对底座基准面和测微螺杆测量面间分隔的距离,进行读数的深度测量工具,如图 3-19 所示。

1 使用方法

(1)使用前先将深度千分尺擦干净,然后检查其各活动部分是否灵活可靠:在全行程内微分筒的转动要灵活,微分螺杆的移动要平稳,锁紧装置的作用要可靠。

(2)根据被测的深度或高度选择并换上测杆。

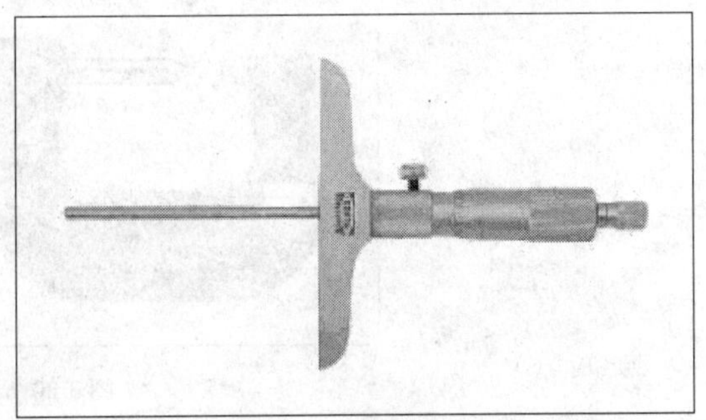

图 3-19　深度千分尺

(3)0 ~ 25mm 的深度千分尺可以直接校对零位:采用 00 级平台,将平台、深度千分尺的基准面和测量面擦干净,旋转微分筒使其端面退至固定套筒的零线之外,然后将千分尺的基准面贴在平台的工作面上,左手压住底座,右手慢慢旋转棘轮,使测量面与平台的工作面接触后检查零位:微分筒上的零刻线应对准固定套管上的纵刻线,微分筒锥面的端面应与套管零刻线相切。

(4)测量范围大于 25mm 的深度千分尺,要用校对量具(可以用量块代替)校对零位:把校对量具和平台的工作面擦净,将校对量具放在平台上,再把深度千分尺的基准面贴在校对量具上校对零位。

(5)使用深度千分尺测量盲孔、深槽时,往往看不见孔、槽底的情况,所以操作深度千分尺时要特别小心、切忌用力莽撞。

(6)当被测孔的口径或槽宽大于深度千分尺的底座时,可以用一辅助定位基准板进行测量。

2 深度千分尺的使用与保养

(1)不准拿着微分筒快速任意摇动。

(2)不准用油石、砂纸等硬物摩擦测量面和测微螺杆等部位。

(3)不准在深度千分尺的微分筒和固定套管之间加酒精、煤油、柴油、机油或凡士林等;不准把深度千分尺浸泡在上述油类或水以及冷却液中。如果深度千分尺被上述液体浸入,则用航空汽油冲洗干净,然后加入少量钟表油或特种轻质润滑油。

(4)使用完后,用绸或干净的白细布擦净深度千分尺的各部位,卸下可换测杆及测微螺杆上涂一薄层防锈后,放入专用盒,存放于干燥处。

(5)不能将深度千分尺放在潮湿、有酸性、磁性以及高温或振动的地方。

(6)深度千分尺须实行周期检定,检定周期由计量部门根据使用情况决定。

十一、螺纹千分尺

螺纹千分尺是应用螺旋副传动原理将回转运动变为直线运动的一种量具,主要用于测量外螺纹中径。螺纹千分尺按读数形式分为标尺式和数显式,其结构如图 3-20 所示。

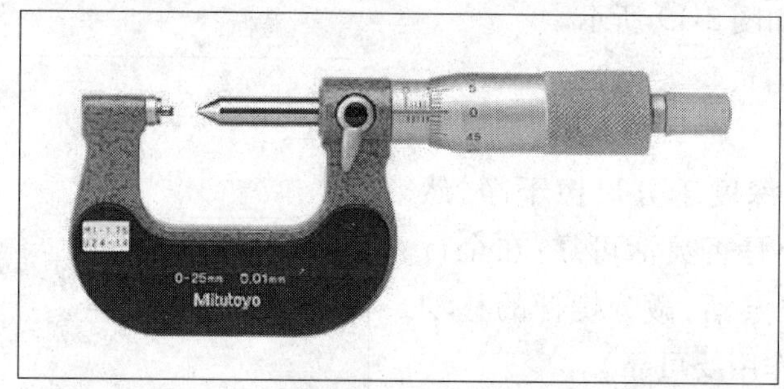

图 3-20 螺纹千分尺

螺纹千分尺具有 60°锥形和 V 形测头,用于测量螺纹中径。螺纹千分尺使用方法:

(1)螺纹千分尺的压线或离线调整与外径千分尺调整方法相同。

(2)螺纹千分尺测量时必须使用“测力装置”即以恒定的测量压力进行测量,另外,在使用螺纹千分尺时应平放,使两测头的中心与被测工件螺纹中心线相垂直,以减少其测量误差。

十二、百分表

1 结构原理与读数方法

百分表是一种精度较高的比较量具,它只能测出相对数值,不能测出绝对数值,主要用于测量形状和位置误差,也可用于机床上安装工件时的精密找正。百分表的读数准确度为 0.01mm。百分表的结构原理如图 3-21 所示。当测量杆向上或向下移动 1mm 时,通过齿轮传动系统带动大指针转一圈,小指针转一格。刻度盘在圆周上有 100 个等分格,各格的读数值为 0.01mm。小指针每格读数为 1mm。测量时指针读数的变动量即为尺寸变化量。刻度盘可以转动,以便测量时大指针对准零刻线。

百分表的读数方法为:先读小指针转过的刻度线(即毫米整数),再读大指针转过的刻度线(即小数部分),并乘以0.01,然后两者相加,即得到所测量的数值。

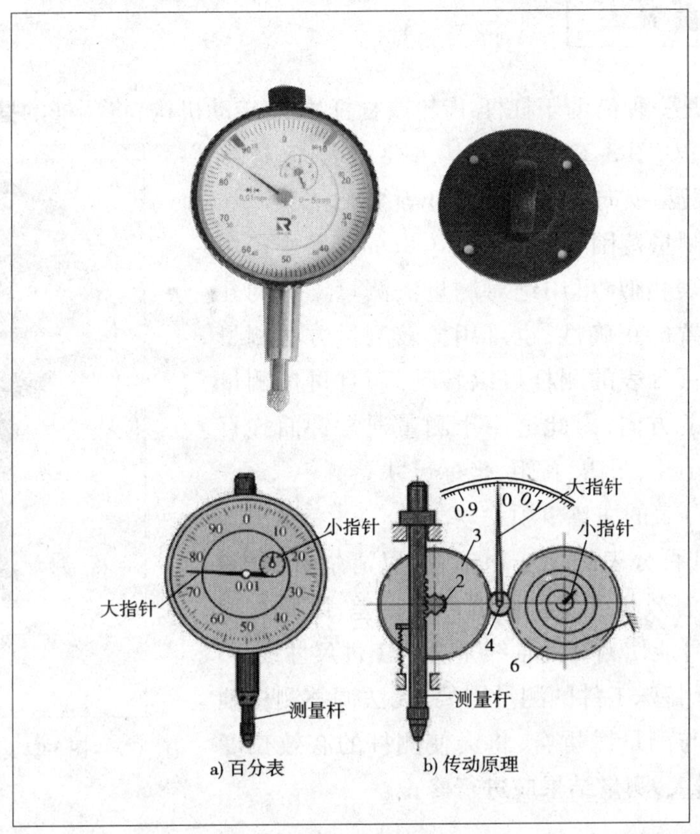

图3-21　百分表及其结构

2 使用方法与注意事项

❶ 百分表的使用

百分表常装在表架上使用。百分表可用来精确测量零件圆度、圆跳动、平面度、平行度和直线度等形位误差,也可用来找正工件。

❷ 注意事项

(1)使用前,应检查测量杆活动的灵活性。即轻轻推动测量杆时,测量杆在套筒内的移动要灵活,没有任何轧卡现象,每次手松开后,指针能回到原来的刻度位置。

(2)使用时,必须把百分表固定在可靠的夹持架上,切不可贪图省事,随便夹在不稳固的地方,否则容易造成测量结果不准确,或摔坏百分表。

(3)测量时,不要使测量杆的行程超过它的测量范围,不要使表头突然撞到工件上,也不要用百分表测量表面粗糙度或有显著凹凸不平的工件。

(4)测量平面时,百分表的测量杆要与平面垂直,测量圆柱形工件时,测量杆要与工件的中心线垂直,否则,将使测量杆活动不灵或测量结果不准确。

(5)为方便读数,在测量前一般都让大指针指到刻度盘的零位。

(6)百分表不用时,应使测量杆处于自由状态,以免使表内弹簧失效。

十三、杠杆百分表

杠杆百分表是一种借助于杠杆-齿轮或杠杆-螺旋传动机构，将测杆的摆动变为指针回转运动指示式量具，如图 3-22 所示。其主要由表体、连接柄、表圈、指针、表盘、换向器、轴套、测杆等组成。

杠杆百分表测量范围一般为 0 ~ 0.8mm。其一般用途与钟面式百分表相似，可用绝对测量法测量工件的几何形状和相互位置的正确性，也可用比较测量方法测量尺寸。由于杠杆百分表的测杆可以转动，而且可按测量位置调整测量端的方向，因此适用于测量通常钟面式百分表难以测量的小孔、凹槽、孔距、坐标尺寸等。

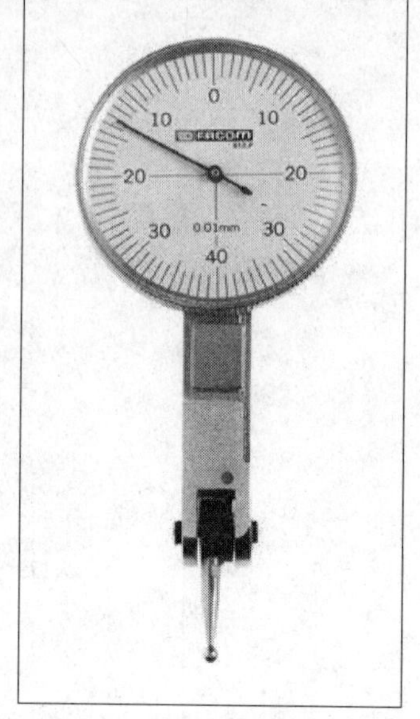

图 3-22　杠杆百分表

使用杠杆百分表的注意事项：

(1) 根据杠杆百分表的工作原理，可以清楚看出，测杆(杠杆短臂)的有效长度直接影响测量误差，因此在测量工作中必须尽可能使测杆的轴线垂直于工件尺寸线。

(2) 如果由于特殊工件的测量需要，无法调整测杆轴线使工件尺寸线与测量线重合，将会使测杆的有效长度减小，指示读数增大，测量结果应进行修正。

十四、水平仪

水平仪是一种测量小角度的常用量具。在机械行业和仪表制造中，用于测量相对于水平位置的倾斜角、机床类设备导轨的平面度和直线度、设备安装的水平位置和垂直位置等。按水平仪的外形不同可分为：框式水平仪和尺式水平仪两种；按水准器的固定方式又可分为：可调式水平仪和不可调式水平仪，如图 3-23、图 3-24 所示。

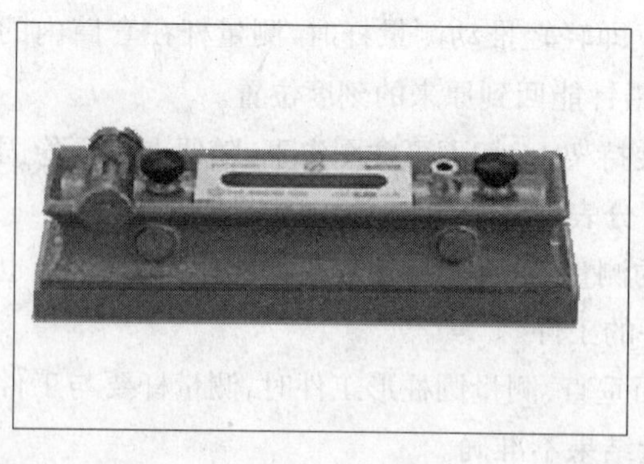
图 3-23　水平仪

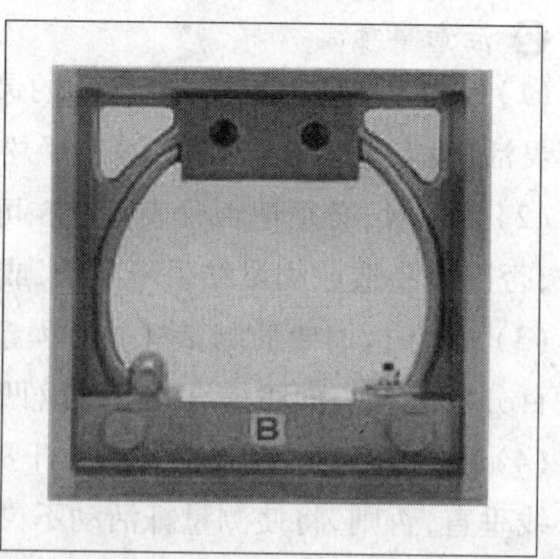

图 3-24　框式水平仪

水平仪的使用方法：

水平仪刻度值用角度（秒）或斜率来表示，它的含义是以气泡偏移一格工件倾斜的角度表示，或以气泡偏移一格工件表面在1m长度上倾斜的高度表示。由于水平仪的使用倾角很小，如 tan44°弧度 = 0.02mm/1000mm，测量时使水平仪工作面紧贴被测表面，待气泡稳定后方可读数。如需测量长度为 L 的实际倾斜值则可通过下式进行计算：

$$实际倾斜值 = 标称分度值 \times L \times 偏差格数$$

例如：标称分度值为 0.02mm/m，L = 200mm，偏差格数为 2 格，则实际倾斜值 = 0.02/1000 × 200 × 2mm = 0.008mm。为避免由于水平仪零位不准而引起的测量误差，因此在使用前必须对水平仪零位进行检查或调整。

水平仪零位检查和调整方法，将被校水平仪放在大致水平的平板上，紧靠定位块，待气泡稳定后以气泡的一端读数为 a_1，然后将水平仪调转180°方位，准确地放在原位置，按照第一次读数的一边记下气泡另一端的读数为 a_2，两次读数差的一半则为零位误差，即等于 $(a_1 - a_2)/2$ 格。如果零位误差超过许可范围，则需调整零位机构，反复调整螺钉即可达到要求。

任务实施

介绍工况下，量具是如何选择及其使用读数的方法。

任务二　认识刀具

任务目标

1. 了解常用刀具的结构及种类。
2. 掌握车刀、麻花钻等刀具的材料及应用。

相关知识

一、刀具材料的性能

在车削过程中，车刀的切削部分是在较大的切削抗力、较高的切削温度和剧烈的摩擦条件下进行工作的。车刀寿命的长短和切削效率的高低，首先决定于车刀切削部分的材料是否具备优良的切削性能，具体应满足如下要求：

(1)应具有高硬度。其硬度要高于工件材料1.3～1.5倍。

(2)应具有高耐磨性。一般来说,硬度较好的材料,耐磨性也较好。

(3)应具有高耐热性。即在高温下能保持高硬度的性能。

(4)应具有足够的抗弯强度和冲击韧性,防止车刀脆性断裂或崩刃。

(5)应具有良好的工艺性。即较好的可加工性、可刃磨性、热处理工艺性和焊接工艺性。

二、车刀材料

1 常用刀具材料类型

刀具材料的种类繁多,且随着科学技术的发展,新的刀具材料也不断出现,大体分为两大类:金属材料和非金属材料。常用刀具材料可分为四大类:工具钢、硬质合金、陶瓷及超硬材料。常用车刀材料主要有高速钢和硬质合金。

❶ 高速钢

高速钢又称锋钢,是以钨、铬、钒、钼为主要合金元素的高合金工具钢。高速钢淬火后的硬度为63～67HRC,其红硬温度为550～600℃,允许的切削速度为25～30m/min。

高速钢有较高的抗弯强度和冲击韧性,可以进行铸造、锻造、焊接、热处理和切削加工,有良好的磨削性能,刃磨质量较高,故多用来制造形状复杂的刀具,如钻头、铰刀、铣刀等,亦常用作低速精加工车刀和成形车刀。

高速钢可加工的材料比较广泛,可加工有色金属、铸铁、碳钢、合金钢等,但不能用于高速切削。

常用的高速钢牌号为W18Cr4V和W6Mo5Cr4V2两种。

(1)W18Cr4V。这种高速钢的综合性能较好,可制造各种复杂刀具,性能稳定,便于刃磨及热处理,是目前应用最多的一种高速钢。

(2)W6Mo5Cr4V2。它是以Mo代W发展起来的一种高速钢,这种工具钢的抗弯强度比W18Cr4V要高28%～34%,冲击韧性要高70%,热塑性非常好。W6Mo5Cr4V2目前是国外应用较多的一种高速钢,我国主要用于热轧刀具,如麻花钻等。

❷ 硬质合金

硬质合金的硬度、耐磨性、耐热性都高于高速钢,但韧性较差,可加工的材料很广,如有色金属、铸铁、碳钢、合金钢、高温合金、高锰钢、不锈钢、可锻铸铁等。硬质合金按组成成分分为P、M、K类。

硬质合金是用高耐磨性和高耐热性的WC(碳化钨)、TiC(碳化钛)和Co(钴)的粉末经高压成形后再进行高温烧结而制成的,其中Co起黏结作用,硬质合金的硬度为89～94HRA(相当于74～82HRC),有很高的红硬温度。在800～1000℃的高温下仍能保持切削所需的硬度,硬质合金刀具切削一般钢件的切削速度可达100～300m/min,可用这种刀具进行高速切削,其缺点是韧性较差,较脆,不耐冲击,硬质合金一般制成各种形状的刀片,焊接或夹固在刀体上使用。

常用的硬质合金以 WC 为主要成分，根据是否加入其他碳化物而分为有钨钴类（YG）、钨钴钛类（YT）、钨钛钽（或铌）类（YW）和碳化钛基硬质合金（YN）四类。常用牌号有 YG3、YG6、YG8、YT5、YT15、YT30、YW1、YW2、YN10。

（1）钨钴类：主要适用于加工脆性材料，如铸铁、有色金属及非金属材料等；其中若含钴量多，则韧性较好，适用粗加工，相反则适宜精加工，如 YG8 常用于粗加工，YG6 和 YG3 常用于半精加工和精加工。

（2）钨钴钛类：适用于高速切削塑性材料及优质钢等。其中若含碳化钛量少而含钴量多，则适宜粗加工，相反则适宜精加工，如 YT5 常用于粗加工，YT15 和 YT30 常用于半精加工和精加工。

（3）钨钛钽（或铌）类：主要适用于加工难切削材料和连续表面，常用牌号有 YW1、YW2。它主要加工高温合金、高锰钢、不锈钢以及可锻铸铁、合金铸铁等难加工材料。

（4）碳化钛基类：主要适用于合金钢、工具钢、淬硬钢等的连续精加工。

三、普通车刀的几何形状

1 车刀的结构

车刀是由刀头（或刀片）和刀体两部分组成。刀头担负切削工作，又称切削部分。刀体（或刀杆）用来装夹车刀。刀头是由若干面和切削刃组成的。如图 3-25 所示，刀具切削部分的组成有：前刀面、主后刀面、副后刀面、主切削刃、副切削刃、刀尖等。

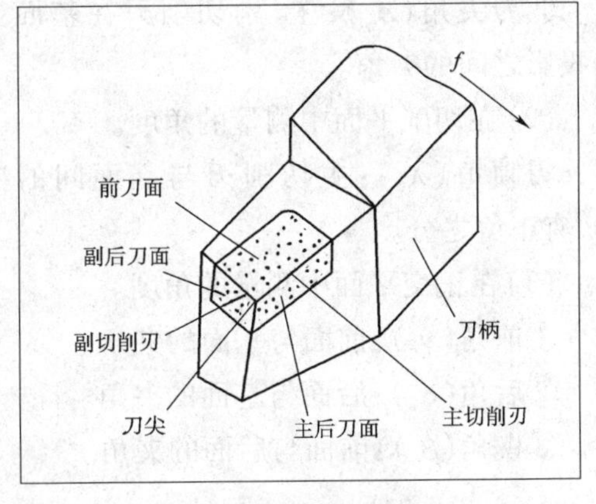

图 3-25　车刀的结构

（1）前刀面：刀具上切屑流过的表面。

（2）后刀面：分主后刀面和副后刀面，与工件的加工表面相对的刀面称主后刀面；与工件的已加工表面相对的刀面称副后刀面。

（3）主切削刃：前刀面和主后刀面的相交部位，它担负主要的切削工作。

（4）副切削刃：前刀面和副后刀面的相交部位，它配合主切削刃完成少量的切削工作。

（5）刀尖：指主切削刃与副切削刃的连接处相当少的部分切削刃。为了提高刀尖强度，延长车刀寿命，很多刀具将刀尖磨成圆弧型或直线型过渡刃，圆弧型过渡刃又称刀尖圆弧，一般硬质合金车刀的刀尖圆弧半径为 0.5 ~ 1mm。

2 刀具的几何角度

刀具的几何角度如图 3-26 所示。

❶ *参考平面*

（1）基面（p_t）：通过切削刃上的选定点，垂直于该点的切削速度方向的平面。

(2)切削平面(p_s):通过切削刃上的选定点,垂直于基面并与主切削刃相切的平面。

(3)正交平面(p_o):通过切削刃上的选定点,同时与基面和切削平面垂直的平面。

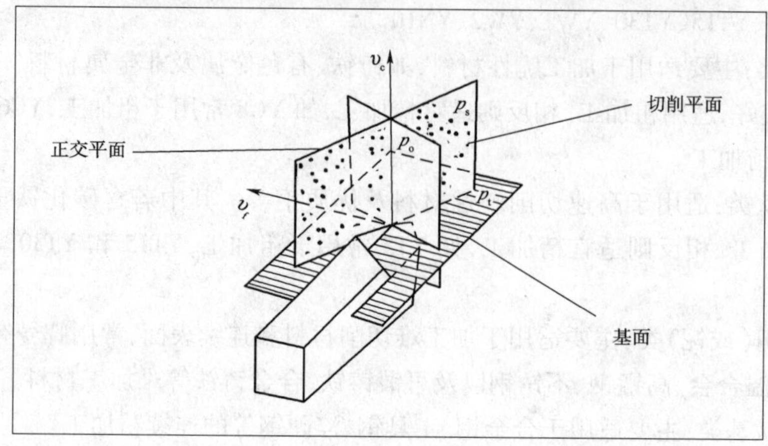

图 3-26　刀具的几何角度

❷ 几何角度

(1)在基面中测量的角度,如图 3-27 所示。

①主偏角(k_γ):主切削刃在基面上的投影与进给运动速度方向之间的夹角。

②副偏角($k_\gamma{}'$):副切削刃在基面上的投影与进给运动速度方向之间的夹角。

③刀尖角(ε_γ):主、副切削刃在基面上的投影之间的夹角。

(2)在切削平面中测量的角度。

刃倾角(λ_s):主切削刃与基面间的夹角,有正负之分。

(3)在正交平面中测量的角度。

①前角(γ_o):前面与基面的夹角。

②后角(α_o):后面与基面的夹角。

③楔角(β_o):前面与后面的夹角。

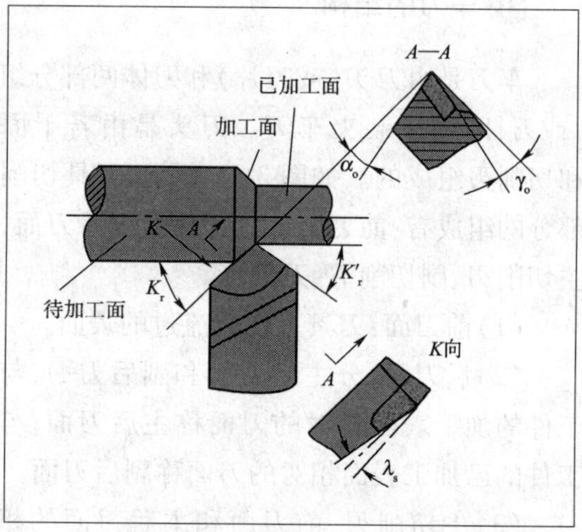

图 3-27　在基面中测量的角度

3 刀具角度的选择原则

❶ 车刀前角选择原则

前角主要影响切削过程中的变形和摩擦、刀具强度,改变散热条件,影响刀具的耐用度。选择前角时,应该综合考虑材料和加工工艺的要求。一般认为,在刀具强度允许的条件下,尽量选用大前角。例如,高速钢的强度高、韧性好,硬质合金脆性大、怕冲击,因此,高速钢刀具的前角可比硬质合金刀具的前角大 5°左右,陶瓷刀具的脆性更大,前角不能太大。另外,如果被加工的材料导热系数低,应该选择小前角车刀,以改善系统的散热效果,提高车刀的耐用度。特别需要说明的是,在加工高强度材料时,为了防止车刀的破损,常采用用负前角,以提高车刀的使用寿命。

❷ 车刀后角的选择原则

后角主要影响切削时的摩擦和刀具强度。当工件材料的强度、硬度较高时，宜取较小后角，以提高刀具强度；当工艺系统刚性较差时，应适当减小后角，防止系统产生振动；当加工精度要求较高时，应采用小后角。

❸ 主偏角的选择原则

主偏角主要影响刀具强度、耐用度和工艺系统加工的稳定性。一般认为，在工艺系统刚性不足时，常取较大主偏角，以减小切削力。加工高强度、高硬度材料时，取较小主偏角以提高刀具的耐用度。副偏角影响工件的表面质量和刀具强度，在系统不易产生振动和摩擦的条件下，应选择较小的副偏角。

❹ 车刀刃倾角的选择原则

刃倾角主要影响切屑的倾向和刀具的强度及其锋利程度。刀尖位于主切削刃上最高点，刃倾角为正，切屑滑向待加工表面，刀尖不耐冲击；刀尖位于主切削刃上最低点，刃倾角为负，切屑滑向已加工表面，刀尖受到保护；主切削刃上各点等高时，刃倾角为零，切屑很快卷曲，刀尖抗冲击能力较强。因此刃倾角在无冲击的正常车削时，刃倾角一般取正值，如果切削时有间断冲击，选择负刃倾角能提高刀头强度，保护刀尖。当系统刚性不足时，不宜采用负刃倾角，否则会因为背向力 F_p 的增大，引起系统的振动而影响加工质量。

四、车刀的种类

车刀按用途可分为外圆车刀、端面车刀、切断刀、镗孔刀、成形车刀和螺纹车刀等。常用的车刀种类如图 3-28 所示。

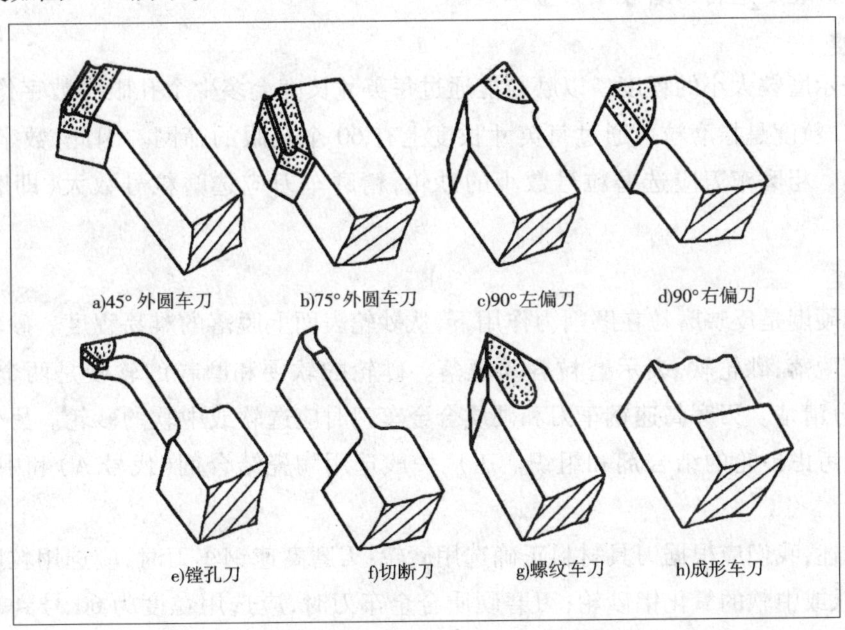

图 3-28　常用的车刀种类

常用车刀的基本用途如下：

(1)45°车刀(外圆车刀)用来车削工件的外圆、端面和倒角。

(2)90°车刀(偏刀)用来车削工件的外圆、台阶和端面。

(3)切断刀用来切断工件或在工件上车槽。

(4)镗孔刀用来车削工件的内孔。

(5)螺纹车刀用来车削螺纹。

(6)成形车刀用来车削圆角、圆槽或车削成形面工件。

五、车刀的刃磨

车刀用钝后,必须刃磨,以便恢复它的合理形状和角度。车刀一般在砂轮机上刃磨,磨高速钢车刀用白色氧化铝砂轮,磨硬质合金车刀用绿色碳化硅砂轮。

1 砂轮的选择

砂轮的特性由磨料、粒度、硬度、结合剂和组织五个因素决定。

❶ 磨料

常用的磨料有氧化物系、碳化物系和高硬磨料系三种。船上和工厂常用的是氧化铝砂轮和碳化硅砂轮。氧化铝砂轮磨粒硬度低(2000HV ~ 2400HV)、韧性大,适用刃磨高速钢车刀,其中白色的称为白刚玉,灰褐色的称为棕刚玉。

碳化硅砂轮的磨粒硬度比氧化铝砂轮的磨粒高(2800HV 以上),性脆而锋利,并且具有良好的导热性和导电性,适用刃磨硬质合金。其中常用的是黑色和绿色的碳化硅砂轮,而绿色的碳化硅砂轮更适合刃磨硬质合金车刀。

❷ 粒度

粒度表示磨粒大小的程度。以磨粒能通过每英寸长度上多少个孔眼的数字作为表示符号。例如 60 粒度是指磨粒可通过每英寸长度上有 60 个孔眼的筛网。因此,数字越大则表示磨粒越细。粗磨车刀应选磨粒号数小的砂轮,精磨车刀应选磨粒号数大(即磨粒细)的砂轮。

❸ 硬度

砂轮的硬度是反映磨粒在磨削力作用下,从砂轮表面上脱落的难易程度。砂轮硬,即表面磨粒难以脱落;砂轮软,表示磨粒容易脱落。砂轮的软硬和磨粒的软硬是两个不同的概念,必须区分清楚。刃磨高速钢车刀和硬质合金车刀时应选软或中软的砂轮。另外,在选择砂轮时还应考虑砂轮的结合剂和组织。工厂一般选用陶瓷结合剂(代号 A)和中等组织的砂轮。

综上所述,我们应根据刀具材料正确选用砂轮:刃磨高速钢车刀时,应选用粒度为 46 号到 60 号的软或中软的氧化铝砂轮;刃磨硬质合金车刀时,应选用粒度为 60 号到 80 号的软或中软的碳化硅砂轮,两者不能搞错。

2 车刀刃磨的步骤

车刀刃磨时，往往根据车刀的磨损情况，刃磨有关的刀面即可。车刀刃磨的一般顺序是：磨主后刀面→磨副后刀面→磨前刀面→磨刀尖圆弧，如图3-29所示。车刀刃磨后，还应用油石细磨各个刀面，这样，可有效地提高车刀的使用寿命和减小工件的表面粗糙度值。

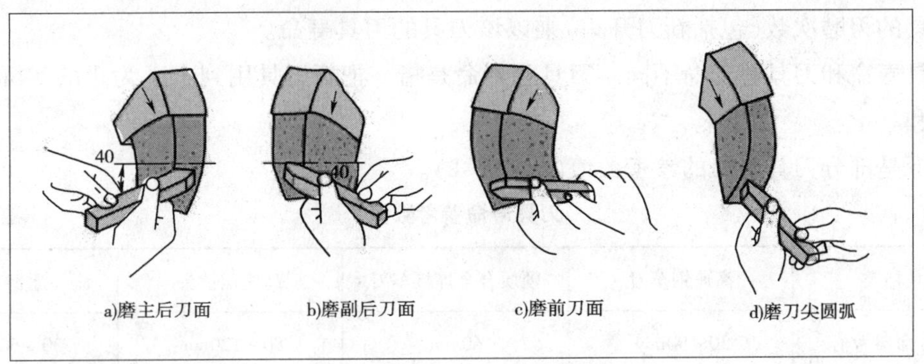

图3-29 车刀刃磨

(1)磨主后刀面，同时磨出主偏角及主后角，如图3-29a)所示；

(2)磨副后刀面，同时磨出副偏角及副后角，如图3-29b)所示；

(3)磨前刀面，同时磨出前角，如图3-29c)所示；

(4)修磨各刀面及刀尖，如图3-29d)所示。

六、刀具寿命

当我们使用一把新磨好的刀具进行切削时，随着切削的持续进行，刀具便逐渐磨损，经过一段时间，由于磨损加剧，切削能力显著降低，以致不再符合切削要求，这一现象，称为刀具钝化。刀具钝化的方式，除磨损外，还有卷刃和在不正常情况下发生的崩刃。钝化的刀具，不宜继续使用，需要及时刃磨。

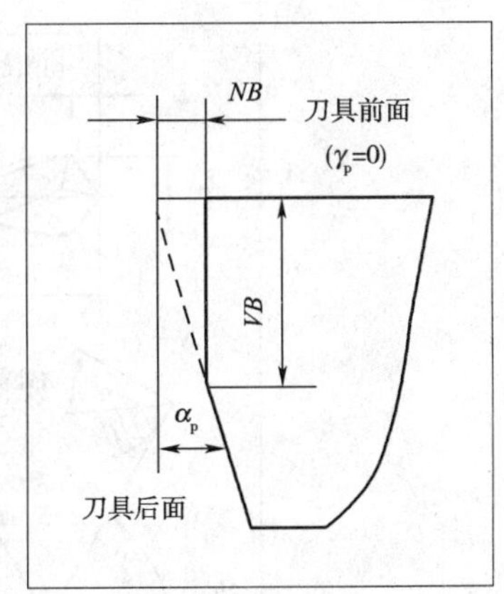

图3-30 磨钝标准VB

磨钝标准是指后刀面磨损带中间平均磨损量允许达到的最大磨损尺寸，以符号VB表示，如图3-30所示。用硬质合金车刀粗车碳钢时，VB=0.6~0.8mm；粗车铸铁时，VB=0.8~1.2mm。精车时，刀具磨损后对工件的尺寸精度和表面粗糙度影响较大，因此磨损限度应在0.1~0.3mm。

在实际生产中，可根据下列现象来判断刀具是否已经磨钝，以便及时换刀。

(1)切屑的颜色有显著变化或切屑的形状有显著变化：使用高速钢车刀，切屑表面的氧化层颜色由黄变蓝时；使用硬质合金刀具切削由蓝变灰时；切屑形状的显著变化主要表现在切屑底面变得非常毛糙。

(2)工件表面的粗糙度值显著上升：切削钢料时，工件表面出现一些亮点；切削铸铁时，工件表面如白口铁一样的发亮。

(3)切削力增大,并出现一些不正常的振动,有时还发出一些噪声。

刀具从开始切削一直到磨损量达到磨钝标准为止的总切削时间,称为刀具寿命,用符号 t 表示。

一把新的刀具从投入切削起,到报废为止的总的实际切削时间,称为刀具总寿命。它等于把刀具的刃磨次数(包括新刀开刃)乘以该刀具的刀具寿命。

刀具寿命和刀具总寿命不同。刀具总寿命是指一把新刀具用到全废为止的实际切削时间的总和。

以下是部分刀具寿命的参考数值(见表 3-1)。

刀具寿命参考数值 表 3-1

刀具种类	高速钢车刀	硬质合金焊接车刀	高速钢钻头	不重磨车刀
刀具寿命参考值	30～90min	60min	80～120min	30～60min

七、麻花钻

1 麻花钻的结构

麻花钻由工作部分、柄部和颈部组成,如图 3-31 所示。

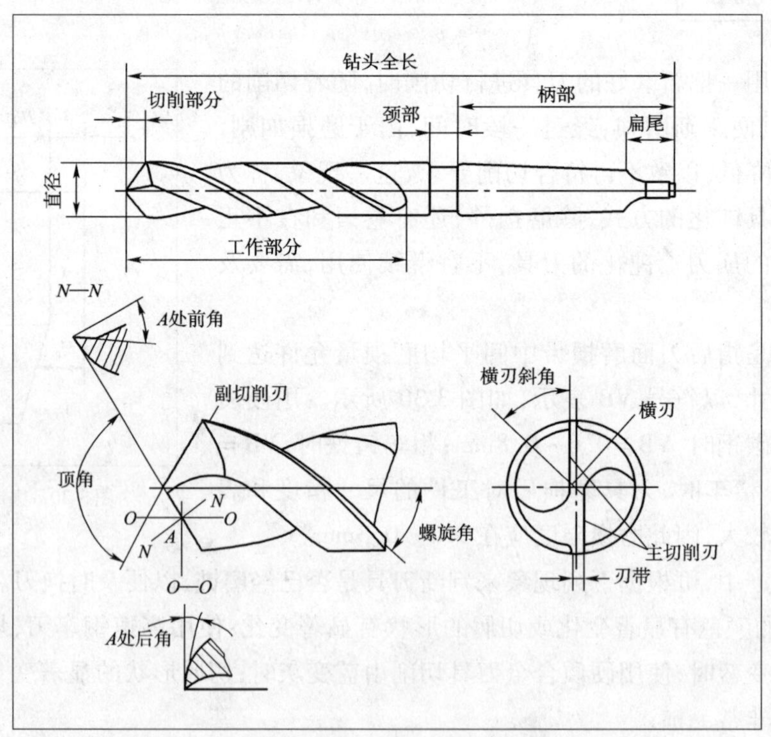

图 3-31 麻花钻的结构

❶ 工作部分

麻花钻的工作部分分为切削部分和导向部分。

麻花钻的切削部分有两条主切削刃、两条副切削刃和一条横刃。两条主切削刃在与它们平行的平面上投影的夹角称为锋角 2φ,如图 3-31 所示。标准麻花钻的锋角 $2\varphi = 118°$,此时两条主切削刃呈直线。

导向部分在钻孔时起引导作用,也是切削部分的后备部分。导向部分的两条螺旋槽形成钻头的前刀面,也是排屑、容屑和切削液流入的空间。导向部分的棱边即为钻头的副切削刃,有修光的作用。

❷ 柄部

柄部用来装夹钻头和传递转矩。钻头直径 $d_0 < 12$mm 时常制成圆柱柄(直柄);钻头直径 $d_0 > 12$mm 时常采用圆锥柄。

❸ 颈部

颈部是柄部与工作部分的连接部分,并作为磨外径时砂轮退刀和打印标记处。小直径钻头不做出颈部。

2 麻花钻的几何参数

麻花钻头的几何参数如图 3-32 所示。

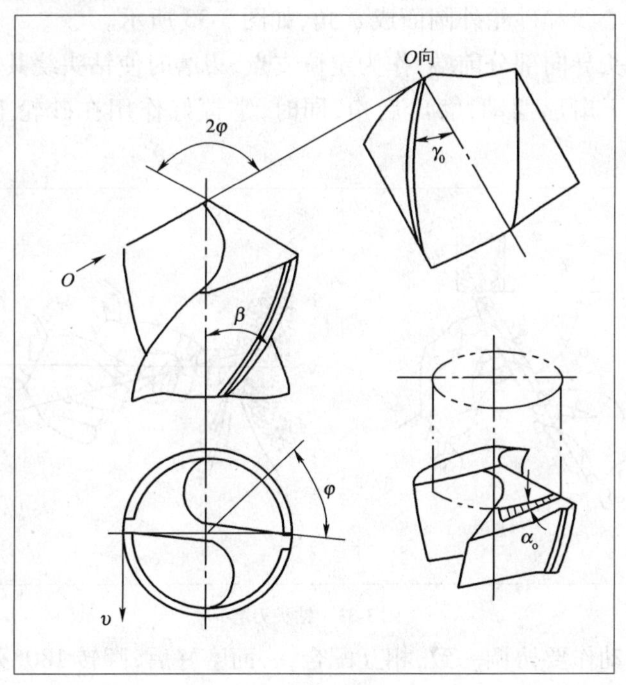

图 3-32 麻花钻头的几何参数

(1)顶角(2φ):钻头两主切削刃在其平行的轴向平面上投影所夹的角。顶角大,钻尖强度好,但钻削时轴向阻力大。钻削钢件和铸铁件时,一般 $2\varphi = 116° \sim 120°$。

(2)前角(γ_0):主切削刃上任意一点的前角是通过该点所作的主剖面中前刀面与该点基面间的夹角。前角大小影响切屑的变形和主切削刃的强度,决定着切削的难易程度。主切削刃上各点的前角是不等的，外缘处最大，约为30°，越接近中心越小，到靠近横刃处为-30°左右，横刃上的前角为-54°~-60°。

(3)后角(α_0)：主切削刃上任意一点的后角是通过该点所作的与钻头轴线同轴的柱截面内后刀面与切削平面间的夹角。后角影响后刀面与切削平面的摩擦和主切削刃的强度。主切削刃上各点的后角大小也不等，外缘处最小为8°~14°，越接近中心越大，钻心处为20°~26°。

(4)横刃斜角(φ)：横刃与主刀刃在垂直于钻头轴线平面上的夹角。标准麻花钻头的横刃斜角为50°~55°，刃磨后角时，若靠近钻心处的后角磨得越大，则横刃斜角就越小，所以在刃磨时，横刃斜角的大小可用来判断靠近钻心处的后角刃磨是否正确。

(5)螺旋角(β)：外缘螺旋线与麻花钻轴心线的夹角称为钻头的螺旋角，标准麻花钻的β=18°~30°。麻花钻的直径越小，β越小。

3 麻花钻的刃磨

在砂轮上修磨钻头的切削部分，以得到所需的几何形状及角度称为钻头的刃磨。手工刃磨钻头在砂轮上进行，选择粒度为46~80、硬度为中软级的氧化铝砂轮。

麻花钻的刃磨步骤如下：

(1)将主切削刃置于水平状态，并与砂轮外圆平行。

(2)保持钻头中心线和砂轮外圆面成φ角，如图3-33所示。

(3)右手握住钻头导向部分前端，作为定位支点，刃磨时使钻头绕其轴心线转动，左手握住钻头的柄部，作上下扇形摆动，磨出后角，同时，掌握好作用在砂轮上的压力，如图3-33所示。

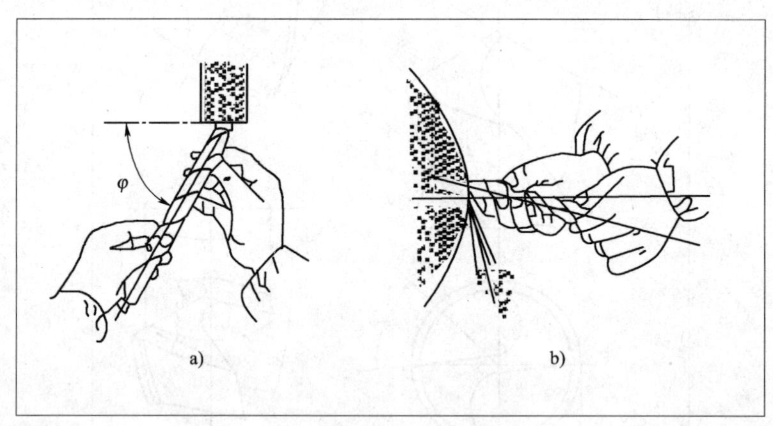

图3-33　钻头刃磨

(4)左右两手的动作要协调一致，相互配合，一面磨好后，翻转180°刃磨另一面。

在刃磨过程中，主切削刃的顶角、后角和横刃斜角同时磨出，为防止切削部分过热退火，应注意蘸水冷却。刃磨后的钻头，常用目测法进行检查，也可用样板检查。目测时，将钻头竖起，切削部分向上，两眼平视两主刀刃外缘处的最低点位置，转动180°后再观察，反复几次。如果两主刀刃长度相等，两个最低点位置一样，顶角符合要求，说明刃磨的钻头正确。

八、中心钻

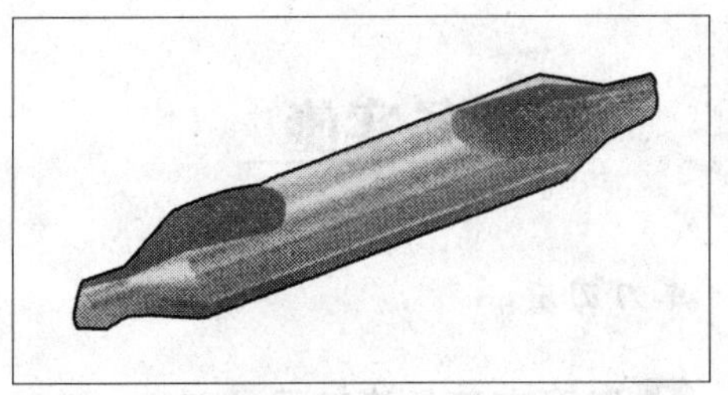
图 3-34　中心钻

中心钻如图 3-34 所示。

(1)中心钻功能:孔加工时的预制精确定位,引导麻花钻进行孔加工,减少误差。

(2)中心钻主要应用:轴类等零件端面上的中心孔加工。

(3)中心钻特点:切削轻快、排屑好。

(4)中心钻按照是否带护锥分为两种规格:A 型为不带护锥的中心钻;B 型为带护锥的中心钻,如图 3-35 所示。

(5)在加工直径 $d=1\sim10$mm 的中心孔时,通常采用不带护维的中心钻,即 A 型中心钻;在加工工序要求较长、精度要求较高的工件时,为了避免 60°定心锥被损坏,一般采用带护锥的中心钻,即 B 型中心钻。钻中心孔举例如图 3-36 所示。

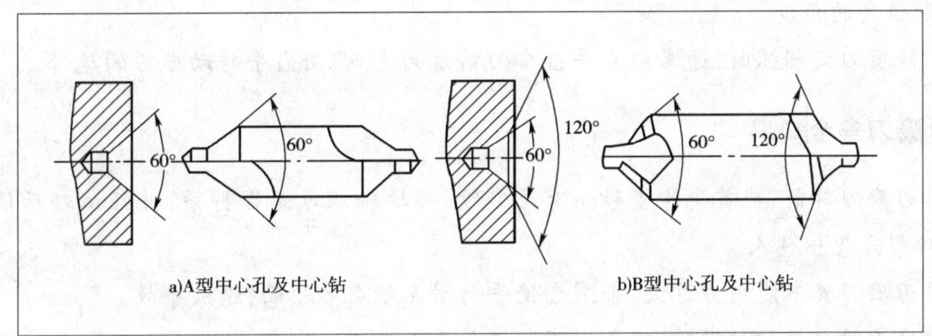

a)A型中心孔及中心钻　b)B型中心孔及中心钻

图 3-35　中心孔及中心钻

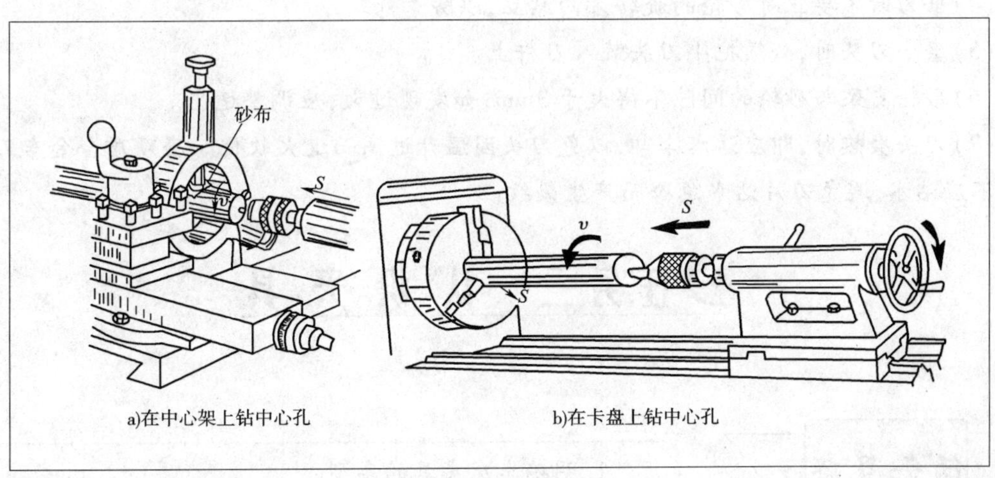

a)在中心架上钻中心孔　b)在卡盘上钻中心孔

图 3-36　钻中心孔

(6)中心钻使用的注意事项:

①中心钻钻削时应取较高的转速,进给量小而均匀。

②当中心钻钻入工件时应加切削液，使其钻削顺利、光洁。

③钻毕时应稍停留中心钻，然后退出，使中心孔光、圆、准确。

任务实施

车刀刃磨。

1 刃磨车刀的姿势及方法

(1)人站立在砂轮机的侧面，以防砂轮碎裂时，碎片飞出伤人。

(2)两手握刀的距离放开，两肘夹紧腰部，以减小磨刀时的抖动。

(3)磨刀时，车刀要放在砂轮的水平中心，刀尖略向上翘3°~8°，车刀接触砂轮后应作左右方向水平移动。当车刀离开砂轮时，车刀需向上抬起，以防磨好的刀刃被砂轮碰伤。

(4)磨后刀面时，刀杆尾部向左偏过一个主偏角的角度；磨副后刀面时，刀杆尾部向右偏过一个副偏角的角度。

(5)修磨刀尖圆弧时，通常以左手握车刀前端为支点，用右手转动车刀的尾部。

2 磨刀安全知识

(1)刃磨刀具前，应首先检查砂轮有无裂纹，砂轮轴螺母是否拧紧，并经试转后使用，以免砂轮碎裂或飞出伤人。

(2)刃磨刀具不能用力过大，否则会使手打滑而触及砂轮面，造成事故。

(3)磨刀时应戴防护眼镜，以免砂砾和铁屑飞入眼中。

(4)磨刀时不要正对砂轮的旋转方向站立，以防意外。

(5)磨小刀头时，必须把小刀头装入刀杆上。

(6)砂轮支架与砂轮的间隙不得大于3mm，如发现过大，应调整适当。

(7)刀头磨热时，即应沾水冷却，以免刀头因温升过高而退火软化。磨硬质合金车刀时，刀头不应沾水，避免刀片沾水急冷而产生裂纹。

任务三　认识夹具

任务目标

1. 明确车床夹具的类型。
2. 在生产实践中学会正确安装工件。

相关知识

安装工件时，应使工件相对于车床主轴轴线有一个确定的位置，并能使工件在受到外力(如重力、切削力和离心力等)的作用时，仍能保持其既定位置不变。为了安装形状各异、大小不同的工件，车床上常备有卡盘、花盘、顶尖、中心架、跟刀架等附件。

一、卡盘

卡盘装在主轴前端，有三爪自定心卡盘和四爪单动卡盘两种。

1 三爪自定心卡盘

图 3-37a)所示为三爪自定心卡盘。图 3-37b)所示为装配式卡爪。

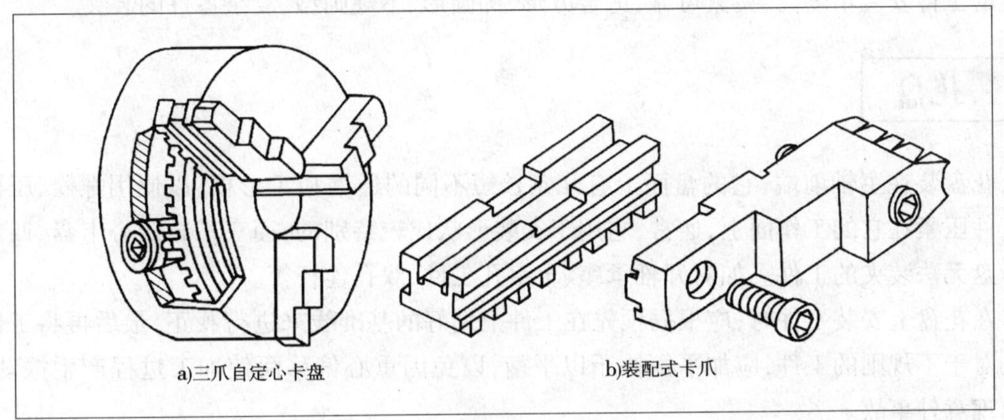

图 3-37 三爪自定心卡盘及卡爪

三爪自定心卡盘主要由外壳体、三个卡爪、三个小锥齿轮、一个大锥齿轮组成，如图 3-38 所示。

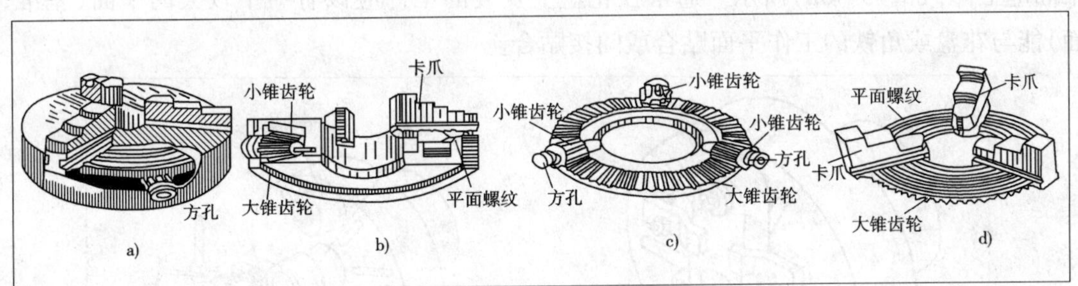

图 3-38 三爪自定心卡盘

三爪自定心卡盘装夹工件方便，其中三个卡爪能同步径向移动，故在装夹工件时能自动定心，一般不需要找正，但夹紧力较小，适合装夹中小型圆柱形、正三边形或正六边形工件。

三爪自定心卡盘的卡爪可以装成正爪，即由外向内夹紧；也可以装成反爪，即由内向外夹紧，又称撑爪。正爪夹持工件直径不能太大，卡爪伸出卡盘外圆的长度不应超过卡爪长度的1/3,以免发生事故。反爪可以夹持直径较大的工件。

2 四爪单动卡盘

四爪单动卡盘如图3-39所示。

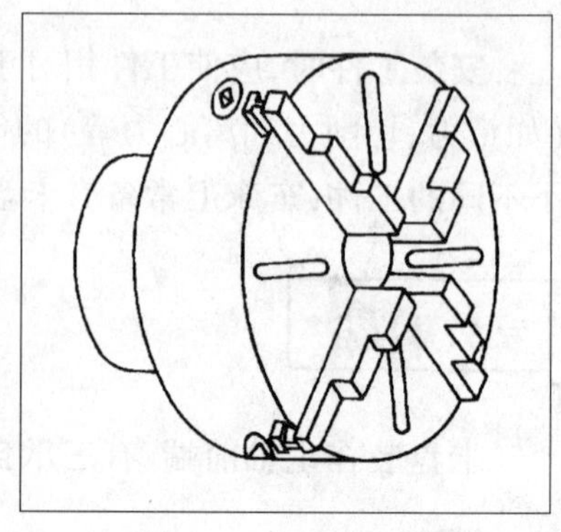
图3-39 四爪单动卡盘

四爪单动卡盘的四个卡爪只能各自独立地径向移动。安装工件时,需要通过调节各卡爪的相对位置来进行找正,仔细校准可以达到较高的精度要求。其夹紧力较大,但校准工件较麻烦,适合单件小批生产或装夹形状较复杂且较重的工件。四爪单动卡盘的卡爪也能装成正爪或反爪。

四爪单动卡盘夹紧可靠,用途广泛,但不能自动定心,需借助划针盘、百分表找正安装工件,对于毛坯粗糙的工件,找正时使用划针盘,对于经过粗加工或精度较高的表面,找正时使用百分表。通过找正后的工件安装精度高、夹紧可靠,适合方形、椭圆形、不规则型、复杂零件的装夹。

二、花盘

花盘装在主轴前端,它的盘面上有几条长短不同的通槽和T形槽,以便用螺栓、压板等将工件压紧在它的工作面上,通常,它用于安装形状比较特别的,而三爪自定心卡盘、四爪单动卡盘无法装夹的工件。如对开轴承座、十字孔工件、双孔连杆等。

在花盘上安装工件时,应根据预先在工件上划好的基准线来进行找正,最后再将工件压紧。对于不规则的工件,应加平衡块予以平衡,以免因重心偏移而使加工过程产生振动,甚至出现意外事故。

当工件被加工表面的回转轴线与其基准面垂直时,可以将工件直接安装在花盘的工作平面上,如图3-40a)所示;当工件被加工表面的回转轴线与其基准面平行时,可以借助角铁来固定工件,如图3-40b)所示。通常在花盘上安装的工件应该有一个较大的平面(基准平面)能与花盘或角铁的工作平面贴合或间接贴合。

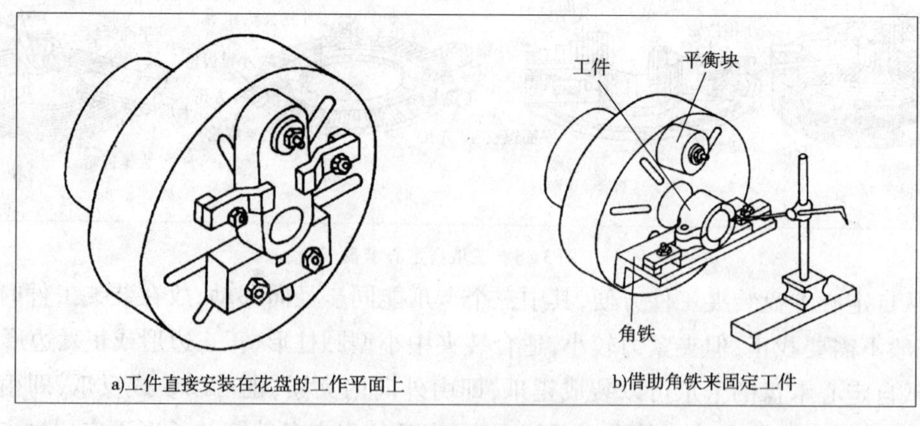

图3-40 花盘安装工件实例

三、顶尖

顶尖有前顶尖和后顶尖之分，顶尖的锥角一般为60°，顶尖的作用就是定位、支撑工件，并承受工件的重力和切削力。

1 前顶尖

前顶尖插在主轴锥孔内与主轴一起旋转。通常前顶尖装在一个专用标准锥套内，再将锥套插入车床主轴锥孔中，如图3-41a)所示，也可以将一段钢料直接夹在三爪自定心卡盘上车出锥角来代替前顶尖，如图3-41b)所示。这样的前顶尖准确、方便，但从卡盘上卸下来后，再次使用时必须重车一刀，以保证顶尖锥面的轴线与车床主轴旋转轴线重合。

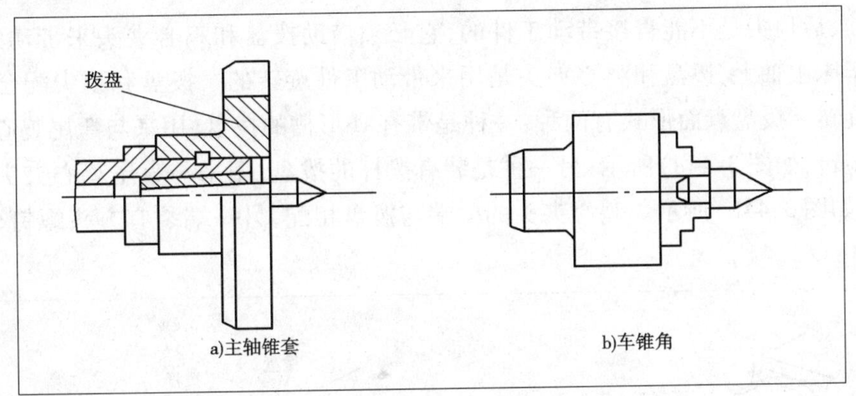

图3-41　前顶尖

2 后顶尖

后顶尖是插在车床尾座套筒内使用的，后顶尖有死顶尖和活顶尖两种。

(1)死顶尖常用的有普通顶尖、镶硬质合金顶尖和反顶尖等，如图3-42所示。死顶尖的定心精度高、刚性好。但由于顶尖与工件中心孔之间相对运动产生的剧烈摩擦，易导致顶尖严重磨损，甚至"烧"坏，所以，常用镶硬质合金的顶尖或对工件中心孔进行研磨，以减小摩擦。死顶尖一般用于工件精度要求较高，低速加工的场合。

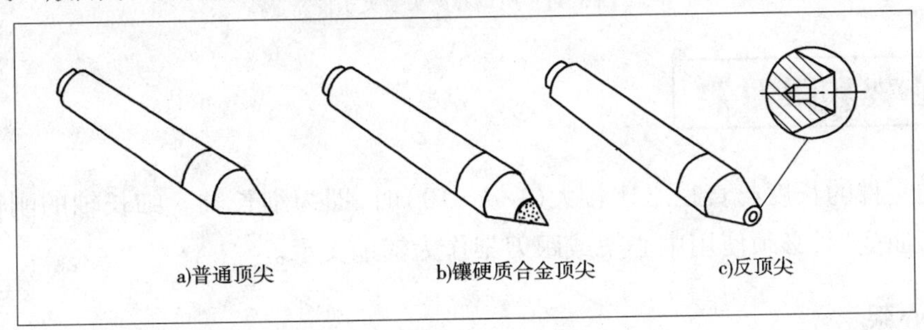

图3-42　死顶尖

(2)活顶尖内部装有滚动轴承，如图3-43所示，活顶尖把顶尖和工件中心孔的滑动摩擦变为顶尖内部轴承的滚动摩擦，因此其转动灵活。由于顶尖与工件一起转动，避免了顶尖和工件中心孔的磨损，能承受较高转速下的加工，但支撑刚性较差，且存在累积误差，使用一段时间后，这种误差将随着活顶尖内部各零件的磨损逐渐加重而日益增大。所以，活顶尖适宜于工件加工精度要求不太高的场合。

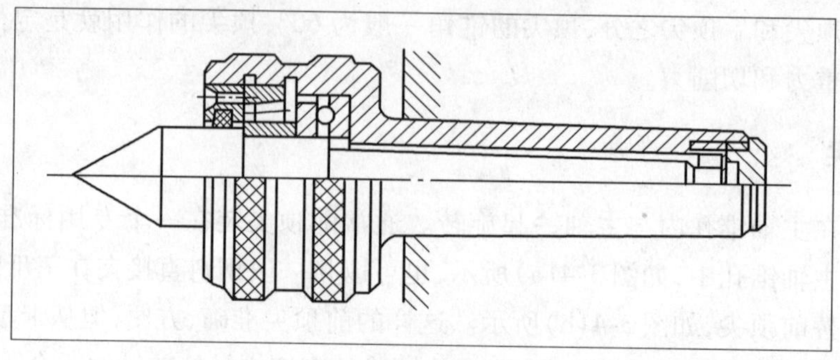

图 3-43 活顶尖

一般前、后顶尖是不能直接带动工件的，它必须借助拨盘和鸡心夹头来带动工件旋转。拨盘装在车床主轴上，拨盘和鸡心夹头是用来带动工件旋转的。拨盘和顶尖配合完成顶尖和工件的旋转。拨盘盘面形式有两种：一种是带有 U 形槽的拨盘，用来与弯尾鸡心夹头相配带动工件旋转，如图 3-44a）所示；另一种是装有拨杆的拨盘，用来与直尾鸡心夹头相配带动工件旋转，如图 3-44b）所示。鸡心夹头的一端与拨盘相配，另一端装有方头螺钉，用来固定工件。

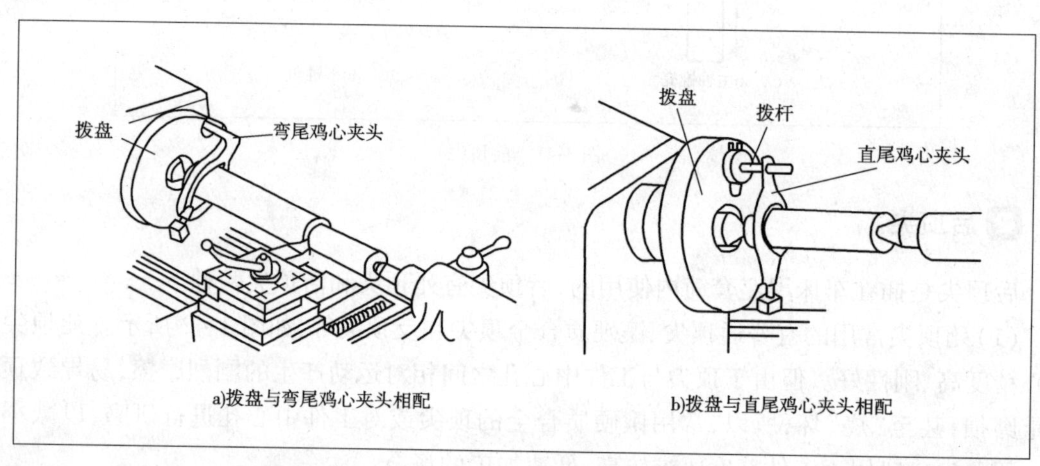

a)拨盘与弯尾鸡心夹头相配

b)拨盘与直尾鸡心夹头相配

图 3-44 用鸡心夹头装夹工件

四、中心架和跟刀架

当轴类零件的长度与直径之比较大（$l/d>10$）时，即为细长轴。细长轴的刚性不够，为了防止其弯曲变形，必须使用中心架或跟刀架作为辅助支承。

1 中心架

较长的轴类零件在车端面、钻孔或车孔时，无法使用后顶尖，如果单独依靠卡盘安装，势必会因工件悬伸过长而产生弯曲，安装刚性很差，容易引起振动，甚至不能加工。此时，必须用中心架作为辅助支承，如图 3-45 所示的中心架，使用中心架或跟刀架作为辅助支承时，都要在工件的支承部位预先车削出定位用的光滑圆柱面，并在工件与支承爪的接触处加机油润滑。

中心架上有三个等分布置并能单独调节伸缩的支承爪，使用时，用压板、螺钉将中心架固定在床身导轨上，调节支承爪，使工件轴线与主轴轴线重合，且支承爪与工件表面的接触应松紧适当，如图 3-46 所示。

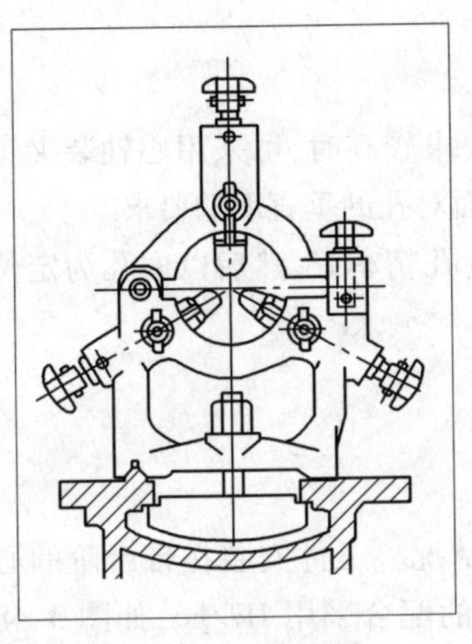
图 3-45 中心架

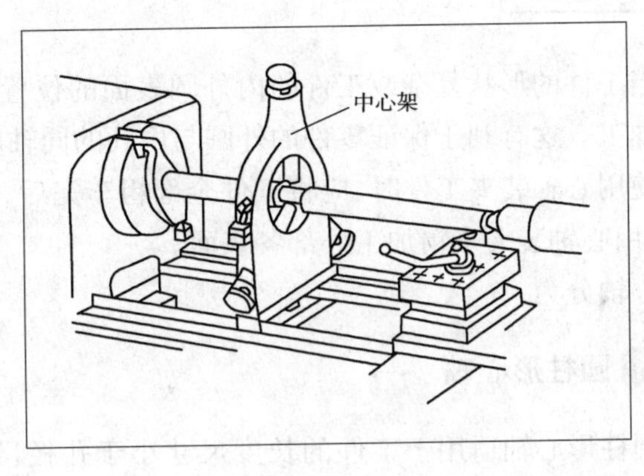

图 3-46 中心架的应用

2 跟刀架

跟刀架上一般有两个能单独调节伸缩的支承爪，它们分别安装在工件的上面和车刀的对面，如图 3-47a）所示。加工时，跟刀架的底座用螺钉固定在床鞍的侧面，并与车刀一起随床鞍作纵向移动。每次进给前应先调整支承爪的高度，使之与已车小的圆柱面重新保持松紧适当的接触。这种跟刀架由于只有两个支承爪，所以，安装刚性差，加工精度低，不适宜高速切削。另外还有一种具有三个支承爪的跟刀架，如图 3-47b）所示，它的安装刚性较好，加工精度较高，并能适宜高速切削。

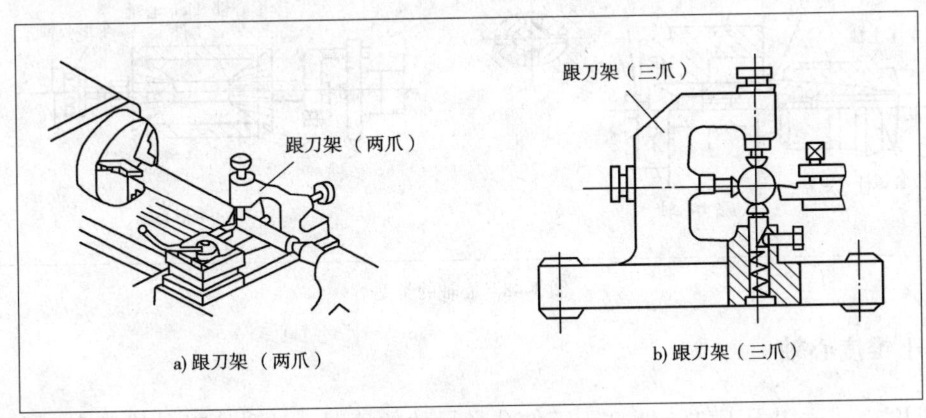

a）跟刀架（两爪）　b）跟刀架（三爪）

图 3-47 跟刀架的应用

注意

使用中心架或跟刀架时，必须先调整尾座套筒轴线与主轴轴线的同轴度。就定位精度而言，中心架要高于跟刀架；就一次车削长度而言，跟刀架要好于中心架。

五、心轴

当工件的形状复杂或工件的内外圆表面的位置精度要求较高时，可采用心轴装夹工件进行加工。这有利于保证零件的外圆与内孔的同轴度、端面对孔的垂直度的要求。

使用心轴装夹工件时，应将工件全部粗车完后，再将内孔精车好，然后以内孔为定位精基准，用心轴装夹来精加工外部各表面。

心轴分为：

1 圆柱形心轴

圆柱形心轴适用于工件的长度尺寸小于孔径尺寸的情况。工件安装在带台阶的心轴上，一端与轴肩贴合，另一端采用螺母压紧。工件与心轴的配合采用 H7/h6，如图 3-48a）所示。

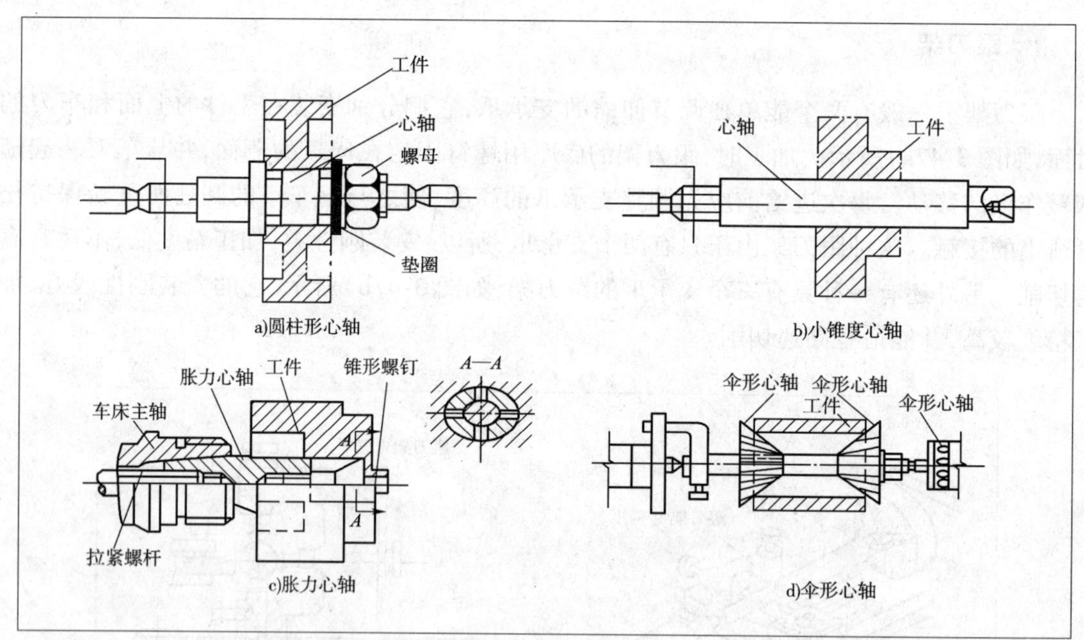

图 3-48　心轴的类型

2 小锥度心轴

小锥度心轴适用于工件长度大于工件孔径尺寸的情况。这种心轴的锥度在 1∶1000 ~ 1∶5000 之间，如图 3-48b）所示。工件内孔与心轴的定心精度较高，多用于精车，但加工中切削力不能太大，以避免工件在心轴上产生滑动。

3 胀力心轴

胀力心轴适用于中小型工件的装夹。它是通过调整锥形螺钉使心轴一端作微量的径向扩张，将工件胀紧，如图 3-48c）所示。这种心轴可实现快速装拆。图 3-49 所示为胀力心轴结构立体图。

4 伞形心轴

伞形心轴适用于装夹以毛坯为基准车削外圆的带有锥孔或阶梯孔的工件。该心轴装拆迅速、装夹牢固，能装夹一定尺寸范围内不同孔径的工件，如图 3-48d）所示。

六、弹簧卡头

当工件外圆表面结构简单，而内孔表面结构较复杂时采用弹簧卡头进行工件的夹紧，如图 3-50 所示。弹簧卡头主要用于以外圆表面为定位基准的工件的夹紧。弹簧套筒在压紧螺母的压力下向中心均匀收缩，使工件获得准确的定位和牢固的夹紧，从而获得较高的位置精度。

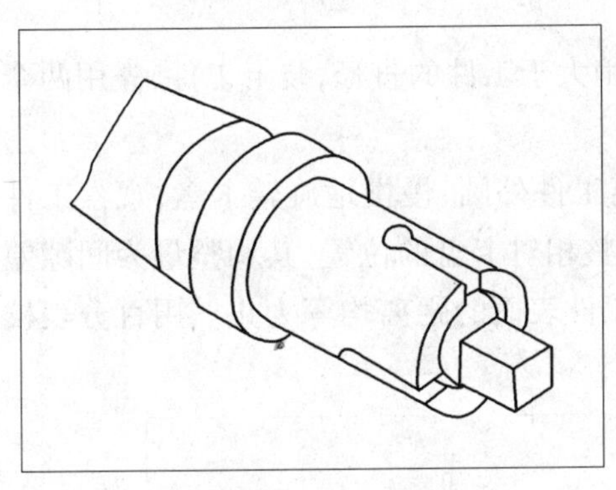

图 3-49　胀力心轴结构立体图

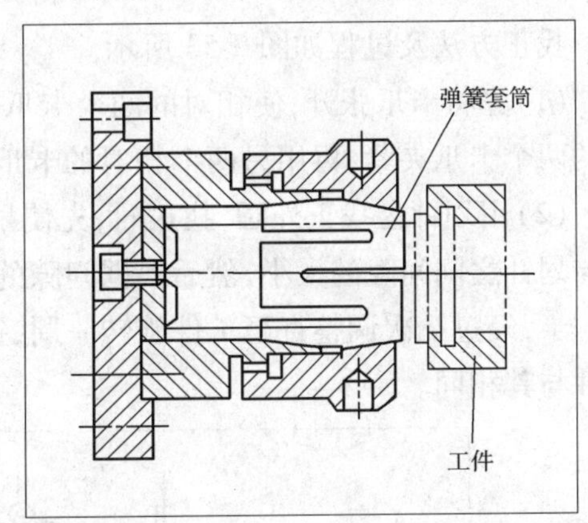

图 3-50　采用弹簧卡头进行工件的夹紧

任务实施

1 用三爪自定心卡盘装夹工件

三爪自定心卡盘装夹工件方法如图 3-51 所示。

2 用四爪单动卡盘装夹工件及找正

四爪单动卡盘装夹工件及找正如图 3-52 所示。

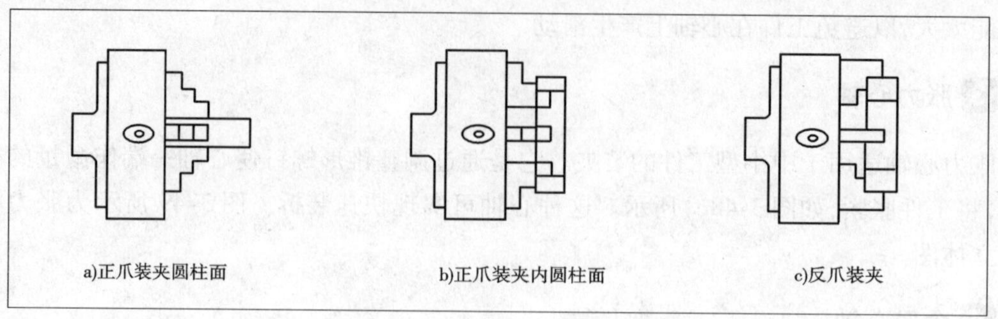

图 3-51　三爪自定心卡盘装夹工件

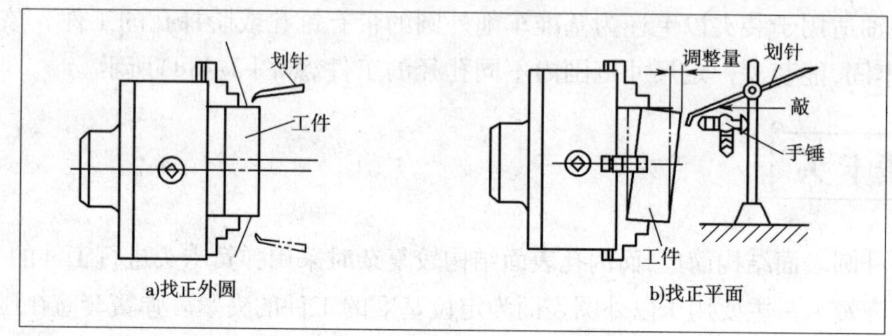

图 3-52　工件找正

找正方法及过程如图 3-53 所示。

(1)先将卡爪张开,使相对的两个卡爪的距离稍大于工件的直径,装上工件,先用两个相对的两个卡爪夹紧,再用另两个相对的卡爪夹紧。

(2)用划针盘找正外圆,找正时,先使划针稍离工件外圆,慢慢地旋转卡盘,观察工件表面与划针之间间隙的大小,然后根据间隙的差异调整相对卡盘的位置,其调整量为间隙差异的一半,经过几次调整直至工件旋转一周,针尖与工件表面的距离均等为止。用百分表校正工件与其相同。

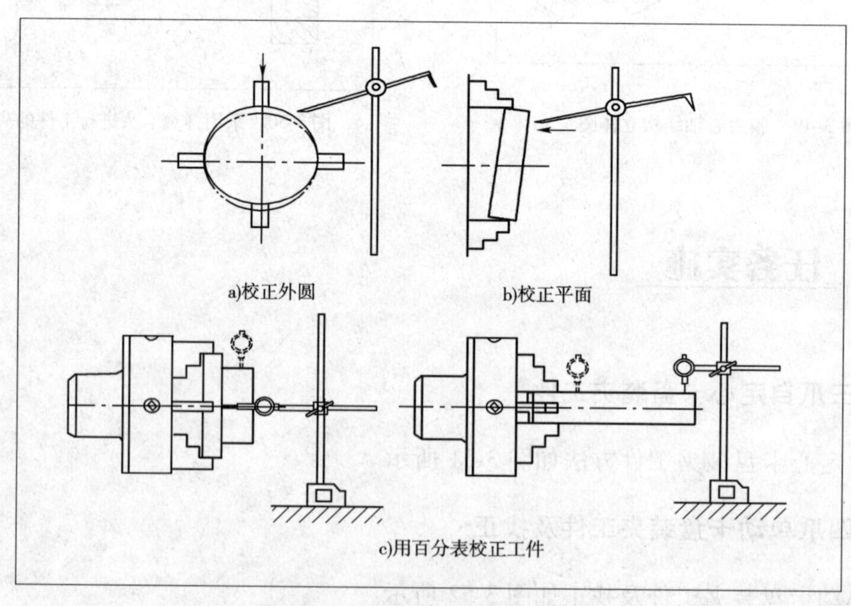

图 3-53　用划针盘、百分表校正工件

思考题

一、填空题

1. 游标卡尺只是一个＿＿＿＿＿精度量具，因此只适用于中等精度的测量。

2. 游标卡尺所测量的尺寸等于＿＿＿＿＿和＿＿＿＿＿读得尺寸相加。

3. 游标卡尺是利用游标原理对＿＿＿＿＿相对移动分隔的距离进行读数的测量器具。

4. 在用游标卡尺测量外径时，应沿着径向找＿＿＿＿＿尺寸位置，测量内径尺寸时，在沿径向找＿＿＿＿＿尺寸位置的同时沿轴向找＿＿＿＿＿尺寸位置。

5. 常用的高速钢牌号为＿＿＿＿＿和＿＿＿＿＿两种。

6. 常用的硬质合金以＿＿＿＿＿为主要成分，根据是否加入其他碳化物而分为＿＿＿＿＿、＿＿＿＿＿、＿＿＿＿＿和＿＿＿＿＿四类。

7. 车刀是由刀头（或刀片）和刀体两部分组成。刀头担负＿＿＿＿＿，又称＿＿＿＿＿。刀体（或刀杆）用来＿＿＿＿＿。刀头是由若干面和切削刃组成的。刀具切削部分的组成有＿＿＿＿＿、＿＿＿＿＿、＿＿＿＿＿、＿＿＿＿＿、＿＿＿＿＿、＿＿＿＿＿等。

8. 氧化铝砂轮磨粒硬度＿＿＿＿＿韧性＿＿＿＿＿，适用刃磨＿＿＿＿＿车刀。

9. 碳化硅砂轮适用刃磨＿＿＿＿＿车刀。

10. 砂轮的特性由＿＿＿＿＿、＿＿＿＿＿、＿＿＿＿＿、＿＿＿＿＿和＿＿＿＿＿五个因素决定。

11. 麻花钻的结构由＿＿＿＿＿、＿＿＿＿＿组成。麻花钻的顶角一般是＿＿＿＿＿。

12. 中心钻按照是否带护锥分为两种规格即＿＿＿＿＿和＿＿＿＿＿。

13. 中心架的定位精度＿＿＿＿＿（高或低）于跟刀架。对不适宜调头车削的细长轴来说，采用＿＿＿＿＿（跟刀架或中心架）更适宜。

14. 顶尖有＿＿＿＿＿和＿＿＿＿＿两种。锥角一般为＿＿＿＿＿顶尖的作用是＿＿＿＿＿并承受＿＿＿＿＿力和＿＿＿＿＿力。

15. 后顶尖有＿＿＿＿＿和＿＿＿＿＿两种。前后顶尖不能直接带动工件，必须借助＿＿＿＿＿和＿＿＿＿＿来带动工件旋转。

16. 卡盘装在＿＿＿＿＿上，有＿＿＿＿＿和＿＿＿＿＿两种。花盘的盘面上有几条长短不同的＿＿＿＿＿和＿＿＿＿＿槽，以便用＿＿＿＿＿等将工件压紧在工作面上，通常它用于安装＿＿＿＿＿工件。

二、简答题

1. 常用刀具材料应具备的性能?
2. 常用刀具材料类型有哪些?
3. 简述车刀刃磨的步骤?
4. 影响刀具磨损的主要因素有哪些?
5. 在实际生产中,如何判断刀具是否已经磨钝?
6. 车刀安装时要注意哪些问题?
7. 中心钻的主要功能和应用是怎样的?
8. 车床上常用的附件有哪些?
9. 怎样用四爪单动卡盘找正工件?
10. 中心架和跟刀架装夹工件有什么区别?
11. 顶尖有哪些类型,它们有什么不同?
12. 使用百分表、千分尺测量工件时,应测量几次? 如何取值?
13. 如何用百分表表示 13.56mm 的尺寸? 如何用千分尺表示 7.635mm 的尺寸?
14. 前角、后角对切削加工有何影响?
15. 刃磨普通螺纹车刀,刀尖角应保持在多大?
16. 外径千分尺在使用时有哪些注意事项?
17. 游标卡尺在使用时有哪些注意事项?
18. 简述外径千分尺的使用方法?

项目四 车削轴类零件

轴类零件是机械加工中最典型、最常见的零件之一，也是重要的零件，主要用来支承传动零件（如齿轮、带轮等），传递运动和转矩。轴类零件是旋转体零件，其长度大于直径，加工表面通常有内外圆柱面、圆锥面，以及螺纹、花键、键槽、沟槽等。在本项目中主要介绍外圆柱面、圆锥面、台阶、端面、沟槽的车削加工方法。

一、轴类工件的结构及技术要求

1 轴类工件有一个共同特点是都具有外圆柱表面

轴类工件按其用途可分为光轴、台阶轴、偏心轴和空心轴等。

轴的主要表面有外圆柱面和端面，另外还有倒角、退刀槽等，如图 4-1 所示。

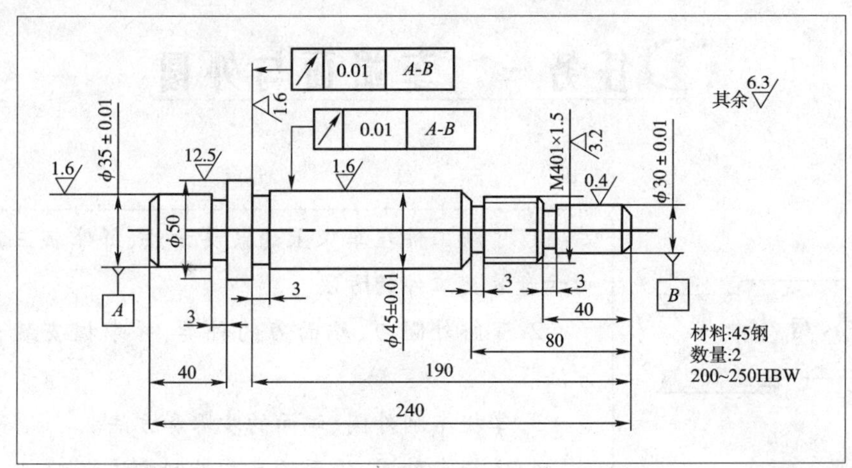

图 4-1 轴

2 轴类工件的技术要求

(1)尺寸精度:主要包括直径和长度尺寸的精度。

(2)形状精度:包括圆度、圆柱度、直线度、平面度。

(3)位置精度:包括同轴度、圆跳动、垂直度、平行度。

(4)表面粗糙度:一般卧式车床车削中碳钢表面粗糙度值可达 $Ra1.6\mu m$。

(5)热处理要求:根据轴的材料和需求,常进行正火、调质、淬火、表面淬火等热处理,以获得一定的强度、硬度、韧性和耐磨性等。一般轴常用45钢,若需要正火,常安排在粗车之前,调质常安排在粗车之后进行。

二、轴类工件的毛坯形式和车削余量

轴类零件可根据使用要求、生产类型、设备及结构选用棒料、锻件等毛坯形式。对于外圆直径相差不大的轴,一般以棒料为主;而对于外圆直径相差大的阶梯轴或重要的轴,常选用锻件,这样既节约材料又减少机械加工的工作量,还可改善力学性能。

1 毛坯形式

(1)棒料:光轴或直径相差不大的台阶轴,一般常用热轧圆棒料毛坯。

(2)锻件毛坯:比较重要的轴,常采用锻件毛坯,由于毛坯加热锻造后,能使金属内部纤维组织沿表面均匀分布,从而得到较高的机械强度。

(3)铸造毛坯:少数结构复杂的轴,如柴油机曲轴等,采用球墨铸铁铸造毛坯。

2 毛坯的车削余量

为了得到工件上某一表面所要求的精度和表面质量,必须从毛坯表面切去全部多余金属层,称为该表面的车削余量。工件尺寸和毛坯尺寸的差量称为毛坯余量。

任务一 车端面与外圆

1. 了解工件在车床上的装夹方法,并掌握三爪自定心卡盘装夹工件的方法。

2. 了解外圆刀、端面刀的种类,并掌握安装车刀的方法。

3. 掌握车削外圆、端面的步骤和方法。

4. 掌握车外圆、端面的尺寸控制方法。

相关知识

一、车刀的选择和装夹

1 车刀的选择

外圆和端面的车削通常使用45°、75°、90°外圆车刀，如图4-2a)、b)、c)所示。

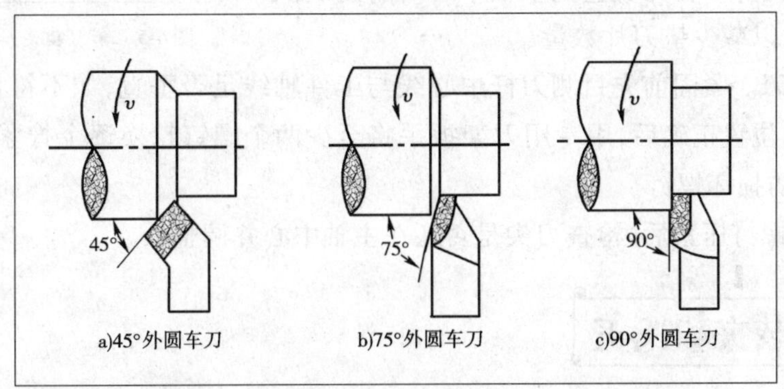

图4-2　外圆车刀

45°外圆车刀有两个刀尖，前端一个刀尖通常用于车工件外圆左侧，另一个刀尖通常用于车端面，也可用于工件的倒角，如图4-3所示。

90°车刀又称偏刀，按进给方向分为右偏刀和左偏刀两种。右偏刀一般用来车削工件的外圆、端面和右向台阶，如图4-4所示。用右偏刀车端面时，如果由工件外缘向中心进给，则是利用副刀刃来进行切削，故切削不顺利，表面也车不细，车刀嵌在中间，使切削力向里，因此车刀容易扎入工件而形成凹面。可改由中心向外缘进给，由于是利用主切削刃在进行切削，所以切削顺利，也不易产生凹面，但不易用太大的切削深度。

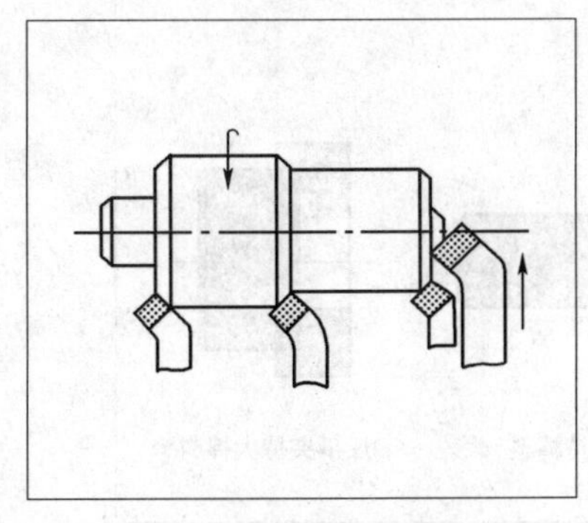

图4-3　45°外圆车刀的使用

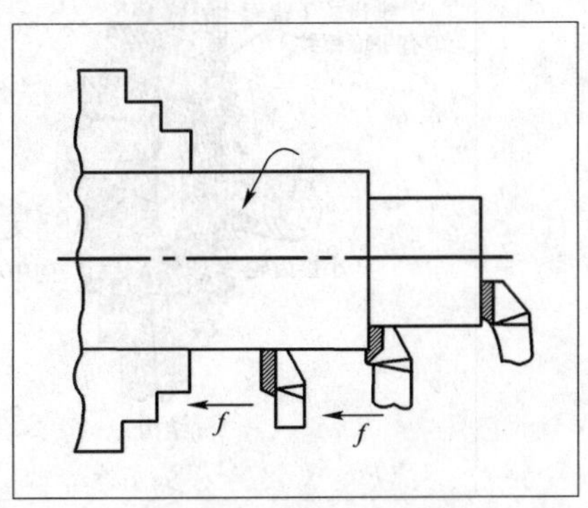

图4-4　90°车刀的使用

2 车刀的装夹

（1）车刀装夹时刀尖必须对准工件旋转中心，否则在车平面至中心时会留有凸头，或造成刀尖碎裂，如图4-5所示。通常采用的方法有顶尖对准法和测量刀尖高度法。顶尖对准法：车刀装夹好后，刀尖和尾座顶尖等高（因为尾座中心和主轴中心等高）。测量刀尖高度法：车刀装夹好后，用金属直尺测量导轨到刀尖的高度为机床加工范围的一半。

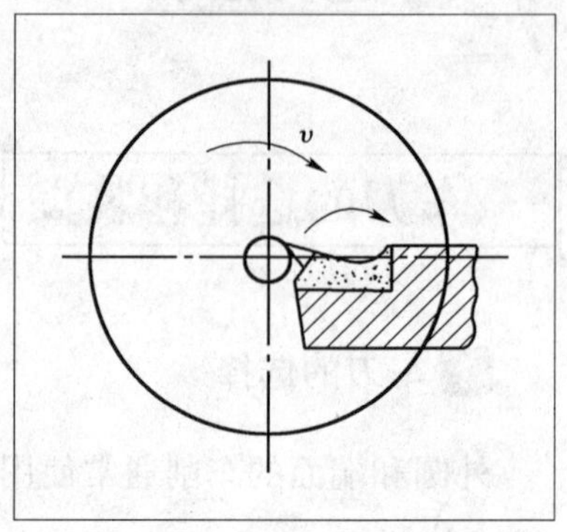

图4-5 车刀装夹刀尖对准零件中心

（2）刀头伸出长度为刀杆厚度的1～1.5倍，若伸出太长，刚性会变差，容易引起振动。

（3）选用垫刀片。在刀尖达到主轴中心的前提下，尽可能选用厚垫片以减少垫刀片数量。

（4）紧固车刀。紧固前先目测刀杆中心线与工件轴线足否垂直，如不符合要求，则转动车刀进行调整。位置正确后，用专用刀架扳手将至少两个螺钉轮换逐个拧紧。刀架扳手不允许加套管，以防损坏螺钉。

（5）当压刀螺钉压紧后，检查刀尖是否还在主轴中心并调整。

二、工件的装夹和找正

在车床上装夹工件的基本要求是定位准确，夹紧可靠。所以车削时必须把工件装夹在车床的夹具上，经过校正、夹紧，使它在整个加工过程中始终保持正确的位置，这个过程称为工件的装夹。车床上常用的装夹方式有：

1 用三爪自定心卡盘安装工件

三爪自定心卡盘的结构，如图4-6a）所示。当用卡盘扳手转动小锥齿轮时，大锥齿轮也随之转动，在大锥齿轮背面平面螺纹的作用下，使三个卡爪同时向心移动或退出，以夹紧或

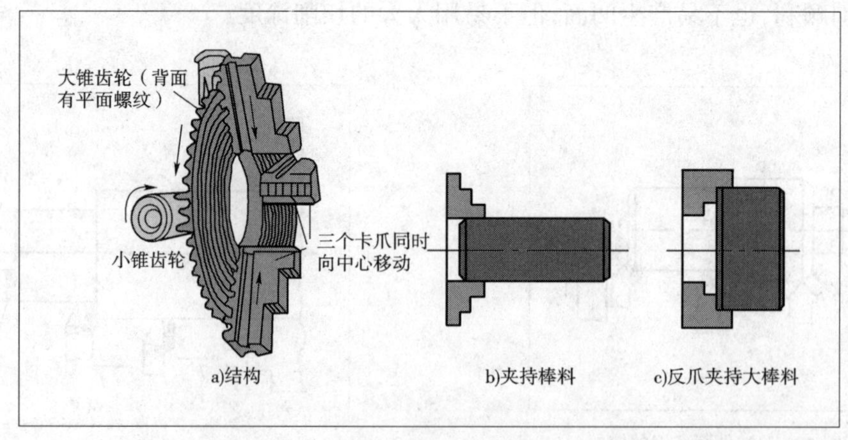

图4-6 三爪自定心卡盘

松开工件。它的特点是对中性好，自动定心精度可达到0.05~0.15mm。可以装夹直径较小的工件，如图4-6b)所示。当装夹直径较大的外圆工件时可用三个反爪进行装夹，如图4-6c)所示。但三爪自定心卡盘由于夹紧力不大，所以一般只适宜于重量较轻的工件，当重量较重的工件进行装夹时，宜用四爪单动卡盘或其他专用夹具。

2 用一夹一顶安装工件

对于一般较短的回转体类工件，较适用于用三爪自定心卡盘装夹，但对于较长的轴类工件，用此方法则刚性较差。对一般较长的工件，尤其是较重要的工件，不能直接用三爪自定心卡盘装夹，经常采用一夹一顶的装夹方法，即用一端夹住，另一端用后顶尖顶住，如图4-7所示。这种方法安全可靠，能受较大的进给力，且刚性大大提高，同时可提高切削用量，因而应用广泛。此种方法需要在工件上钻中心孔，因此要掌握中心孔的钻削方法。

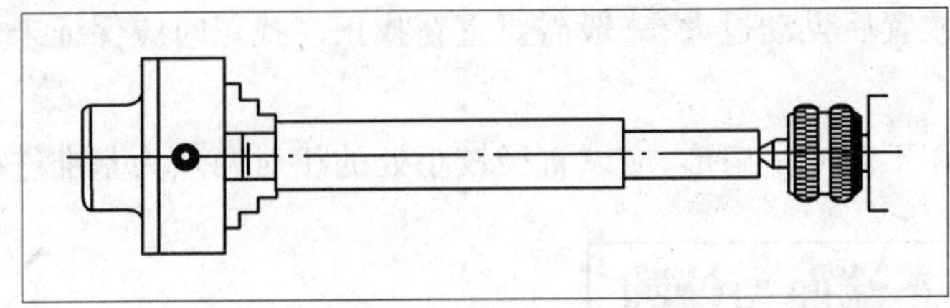

图4-7 一夹一顶装夹工件

钻中心孔的方法：

中心孔是精加工的定位基准，对工件的加工质量影响很大。如果两端中心孔连线跟工件外圆轴线不同轴，不能完成工件外圆的加工；如果中心孔圆度差，加工完成的工件圆度也差；如果中心孔锥面粗糙，加工完成的工件表面质量也差。因此，中心孔必须圆整、锥面表面粗糙度值小、角度正确，两端的中心孔必须同轴。对于要求较高的中心孔，还需经过精车修整或研磨。中心孔是用中心钻钻出来的。中心钻用钻夹头夹住，钻夹头则装在车床尾座套筒的锥孔中。常用的钻中心孔方法有两种：

(1)在车床上钻中心孔。把工件夹在卡盘上，尽可能伸出短些，找正后车平端面，不能留有凸头，然后缓慢均匀地摇动尾座手轮，使中心钻钻入工件端面。待钻到尺寸后，让中心钻原地不动数秒，使中心孔圆整后再退出；或轻轻进给，使中心钻的切削刃将60°锥面切下薄薄一层切屑，这样可以减小中心孔的表面粗糙度值。钻中心孔的过程中还应注意勤退刀，及时清除切屑，并进行充分的冷却润滑。一端中心孔钻好后，调头夹住工件找正，再钻另一端的中心孔。

用这种方法钻中心孔，精度不太高，要保证两端中心孔同轴必须注意找正，如果工件有弯曲，精度就更低了。但用这种方法钻中心孔较方便，目前工厂中单件生产时都采用这种方法。

(2)定出中心后钻中心孔。有时因为工件较大或比较复杂，无法在车床上钻中心孔时，就可以在工件上先划好中心，然后在钻床上或用电钻钻出中心孔。

钻中心孔时，由于中心钻切削部分的直径很小，承受不了过大的切削力，稍不注意，中心钻就会折断。因此，钻中心孔时需注意以下几点：

(1)必须把尾座严格找正。

(2)工件端面一定要车平。

(3)选取较高的转速和较小的进给量。

(4)中心钻磨损后应及时调换或修磨。

(5)浇注充分的切削液冷却和排屑。

3 工件的找正

在车床上安装工件应使被加工表面的轴线与车床主轴回转轴线重合,保证工件处于正确的位置;工件要留有一定的夹持长度,其伸出长度要考虑工件的加工长度和安全距离;同时要将工件夹紧,以防止在切削力的作用下,工件松动或脱落,保证工作安全。

(1)选择毛坯平直表面进行装夹,或选择已加工表面装夹,以确保装夹牢靠。

(2)如果工件放置后晃动过大,一般需要重新找正。找正时应保证未加工表面切削量均匀、保证加工尺寸。

(3)若工件毛坯不圆或呈扁形,应以直径较小处的相对两点为基准进行找正。

三、手动进给车端面与外圆

1 手动进给车端面的方法

(1)测量毛坯长度,确定端面应车去的余量,一般先车的一面尽可能少车,其余余量在另一面车去。车端面前要先倒角,尤其是铸件表面有一层硬皮,如先倒角可以预防刀尖损坏,如图 4-8 所示。车端面与外圆时,第一刀背吃刀量一定要超过硬皮层,否则即使已倒角,但车削时刀尖还是要碰到硬皮层,很快就会磨损。

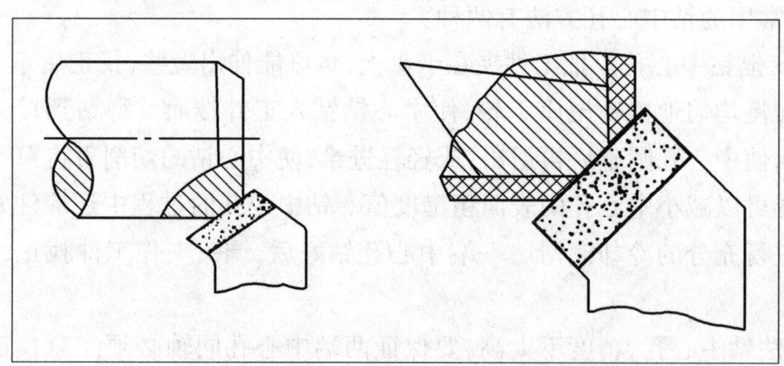

图 4-8 粗车铸件前先倒角

(2)开动车床使工件旋转,移动床鞍和中滑板,使车刀靠近工件端面后,将床鞍上螺钉扳紧,使床鞍位置固定。

(3)双手摇动中滑板手柄车端面,手动进给速度要保持均匀,操作方法如图 4-9 所示。当车刀刀尖到端面中心时,车刀即可退回。如精加工的端面,要防止车刀横向退出时将端面拉毛,可向后移动小滑板,使车刀离开端面后再横向退回。

2 手动进给车外圆的方法

(1)检查毛坯直径,根据加工余量确定进给次数和背吃刀量。

(2)车外圆要准确地控制背吃刀量,这样才能保证外圆的尺寸公差。通常采用试切削方法来控制背吃刀量,试切的操作步骤如图4-10所示,a)~f)所示六项是试切的一个循环,如果试切的尺寸不符合要求,要重新试切,直到尺寸符合要求后,方可纵向进给车外圆。试切尺寸粗车可用外卡钳或游标卡尺测量,精车用千分尺测量。

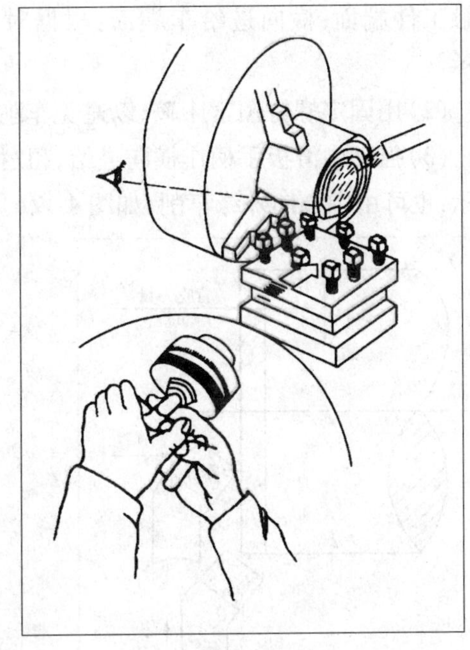

图4-9 车端面的操作方法

车外圆分粗车、精车两个步骤。粗车目的是要尽快地从工件上切去大部分余量,为精加工留0.5~1mm余量,对车削表面要求较低,因此应选用较大的背吃刀量和进给量,切削速度选用中等数值。而精车要保证工件的尺寸公差和较小的表面粗糙度值,因此精车尺寸一定要正确,刀具要保持锋利,要选用较高的切削速度,进给量要适当减少,以确保工件的表面质量。

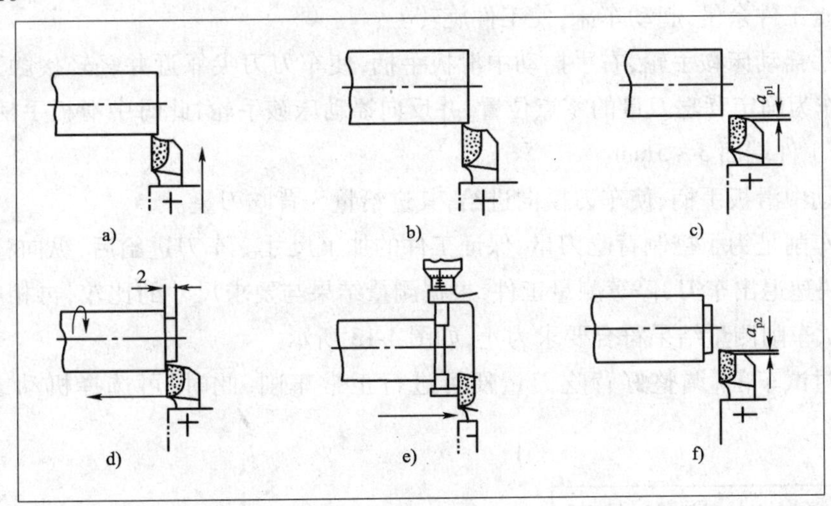

图4-10 试切的步骤

四、车端面与外圆的过程

1 端面车削过程

(1)起动车床,使主轴带动工件旋转。轴向对刀:轴向移动车刀,使车刀刀尖靠近并轻轻接触工件端面；横向进给车端面：根据对刀数值调整背吃刀量，然后横向进给，如图 4-11 所示。

(2)用固定螺钉锁紧床鞍，以避免车削时振动和轴向窜动。

(3)摇动中滑板手柄作横向进给，粗、精车端面，可由工件外缘向中心车削，如图 4-12a)所示；也可由中心向外缘车削，如图 4-12b)所示。

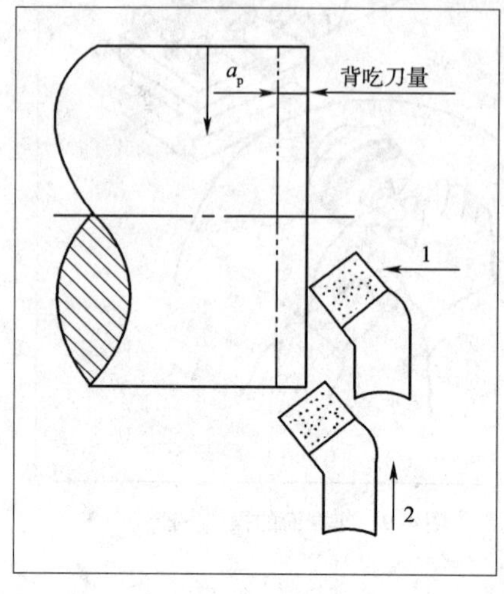

图 4-11　轴向对刀

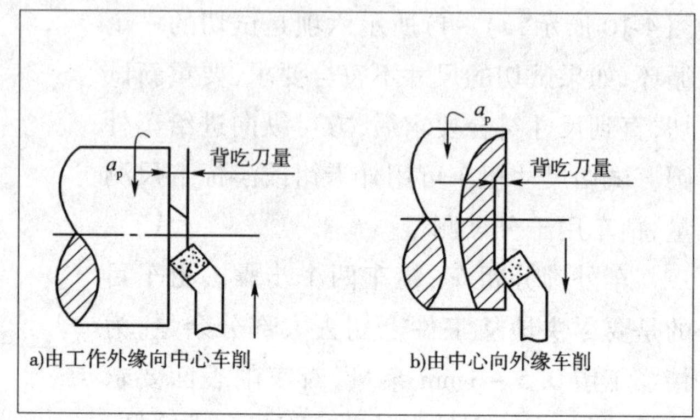

图 4-12　粗、精车端面

2 外圆车削过程

(1)检查工件余量，起动车床，使工件旋转。

(2)左手摇动床鞍手轮，右手摇动中滑板手柄，使车刀刀尖靠近并轻轻接触工件待加工表面，以此作为确定背吃刀量的零点位置，并反向摇动床鞍手轮，此时中滑板手柄不动，使车刀向右离开工件端面 3 ~5mm。

(3)摇动中滑板手柄，使车刀横向进给，其进给量为背吃刀量。

(4)试车削是为了控制背吃刀量，保证工件的加工尺寸。车刀进给后，纵向移动 2mm 左右，再纵向快速退出车刀，停车测量工件，根据测量结果与要求尺寸的比较，再相应调整背吃刀量，直至试车削测量结果符合要求为止，如图 4-13 所示。

(5)通过试车削，调整好背吃刀量便可进行正常车削，此时，可选择机动或手动纵向进给。

五、车外圆操作注意事项

车刀和工件在车床上装夹以后，即可开始车削加工。在加工中应注意以下几点：

(1)根据工件材料和刀具材料以及加工精度的要求，选择好主轴转速和进给量，调整有关手柄位置。

(2)对刀、移动刀架、使车刀刀尖接触工件表面时必须开车。

(3)对完刀后，用刻度盘调整背吃刀量。在用刻度盘调整背吃刀量时，应了解中滑板刻度盘的刻度值，就是每转过一小格时车刀的横向背吃刀量值。然后根据背吃刀量，计算出需要转过的格数。CA61640 车床中滑板刻度盘的刻度值每一小格为 0.05mm（半径的变动量）。

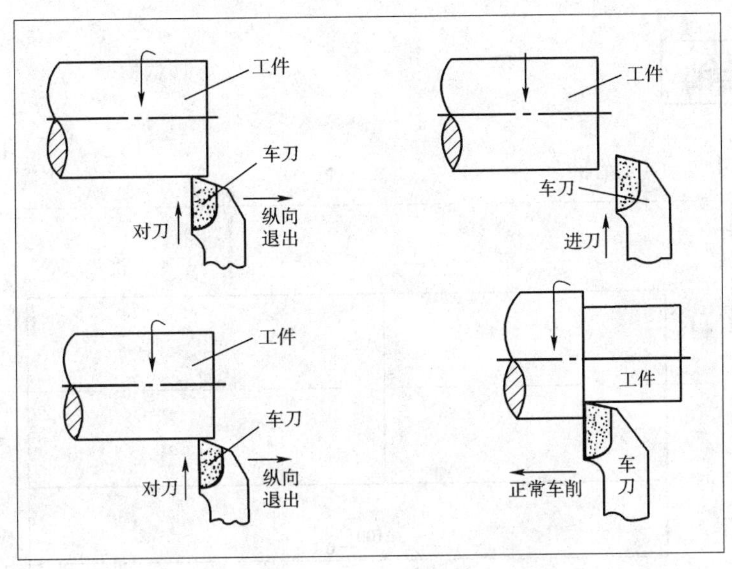

图 4-13　试车削的步骤

（4）在车削工件时要准确、迅速地控制背吃刀量，必须熟练地使用中滑板的刻度盘。中滑板刻度盘装在横丝杆轴端部，中滑板和横丝杆的螺母紧固在一起。由于丝杆与螺母之间有一定的间隙，进刻度时必须慢慢地将刻度盘转到所需的格数。如果刻度盘手柄摇过了头，或试切后发现尺寸太小而须退刀时，为了消除丝杆和螺母之间的间隙，应反转半周左右，再转至所需的刻度值上。

（5）纵向车外圆时尽量采用自动进给。

对刀、试切、测量是控制工件尺寸精度的必要手段，是车床操作者的基本功，一定要熟练掌握。

六、车端面操作注意事项

（1）安装工件时，要对其外圆及端面找正。

（2）安装车刀时，刀尖应严格对准工件中心，以免端面出现凸台，造成崩坏刀尖。

（3）端面质量要求较高时，最后一刀应由中心向外切削。

（4）车削大端面时，为使车刀准确地横向进给，应将大溜板紧固在床身上，用小刀架调整背吃刀量。

（5）使用自动进给前，一定要提前调整好进给量。

一、车削光轴

车削图 4-14 所示的光轴。

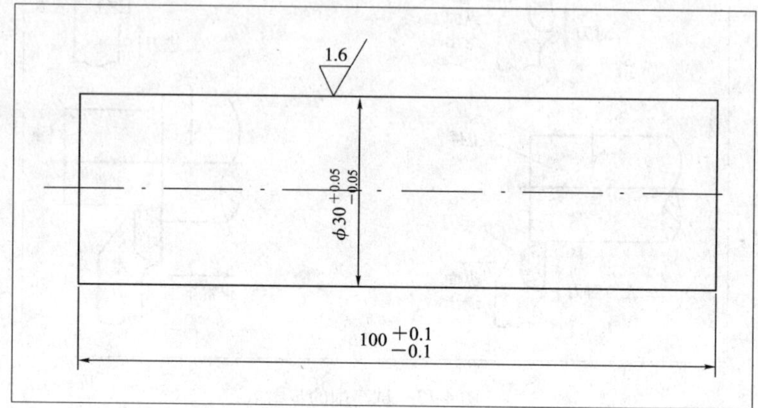

图 4-14 光轴

1 准备工作

毛坯 $\phi40\text{mm} \times 120\text{mm}$。材料:灰铸铁 HT150。

刀具:45°车刀、90°车刀、中心钻等。量具:游标卡尺、千分尺。

装夹方法:用一夹一顶装夹。

2 车削工艺

(1)用三爪自定心卡盘装夹坯料,车端面,钻 $\phi3\text{mm}$ 中心孔。

(2)用一顶一夹装夹,留出 105mm 长度,粗车外圆至卡盘处,外圆留 1mm 的精车余量。

(3)精车 $\phi30 \pm 0.05\text{mm}$ 外圆。

(4)调头找正夹牢,注意外圆需加垫铜皮保护,防止夹伤,车端面截总长至尺寸。

二、车削台阶轴

车削图 4-15 所示的台阶轴。

1 准备工作

(1)工件毛坯:45 钢。尺寸:$\phi55\text{mm} \times 185\text{mm}$。

(2)工艺装备:三爪自定心卡盘、钻夹头、B2mm/6.3 中心钻、回转顶尖、金属直尺、0.02/(0～150)mm 的游标卡尺、千分尺。设备:CA6140 型车床。

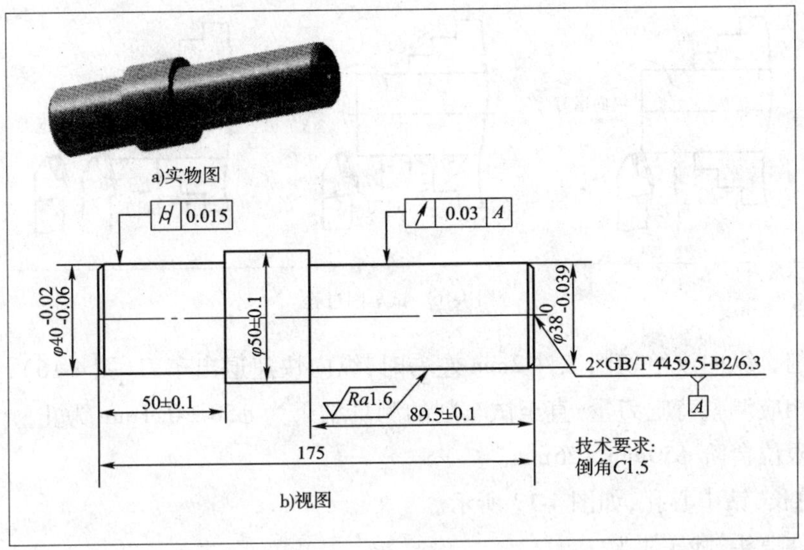

a)实物图

b)视图

图 4-15　台阶轴

2 工艺分析

台阶轴加工阶段:粗车→半精车→精车。

粗车台阶轴的直径尺寸应留 0.8～1mm 的精车余量,台阶长度留 0.5mm 的精车余量。采用一夹一顶方式,以承受较大的切削力。粗车外圆采用 90°硬质合金车刀,车端面用 45°车刀。

3 粗车车削步骤

(1)毛坯伸出三爪自定心卡盘约 35mm,利用划针找正,夹紧。

(2)用 45°车刀车端面($a_p=1$mm,$f=0.4$mm/r,$n=500$r/min)。

(3)钻中心孔。将装有中心钻的钻夹头装入尾座锥孔中,找正尾座中心:开动车床使工件旋转,移动尾座,使中心钻接近工件端面,观察中心钻头部是否与工件旋转中心一致,如不一致则停车调整尾座两侧的螺钉,使尾座横向移动。将中心找正后,两侧螺钉要同时锁紧。钻削中心孔(由于中心孔直径较小,主轴转速 n 大于 1000r/min,进给量 $f=0.05$～0.2mm/r),可加切削液冷却、润滑,中途退出 1～2 次清除切屑。

(4)试车削,粗车限位台阶,如图 4-16 所示。

①将 45°车刀调到工作位置,取 $f=0.3$mm/r,$n=500$r/min,$a_p=2.5$mm。

②对刀。起动车床,左右手配合摇动手轮和中滑板手柄,使车刀刀尖趋近并轻轻接触工件待加工表面,以此作为确定背吃刀量的零点位置,然后反向摇动手轮(此时中滑板手柄不动),使车刀向右离开工件 3～5mm。

③进刀。摇动中滑板手轮,使车刀横向进给 2.5mm,横向进给的量即为背吃刀量,其大

小通过中滑板的刻度盘进行控制和调整。

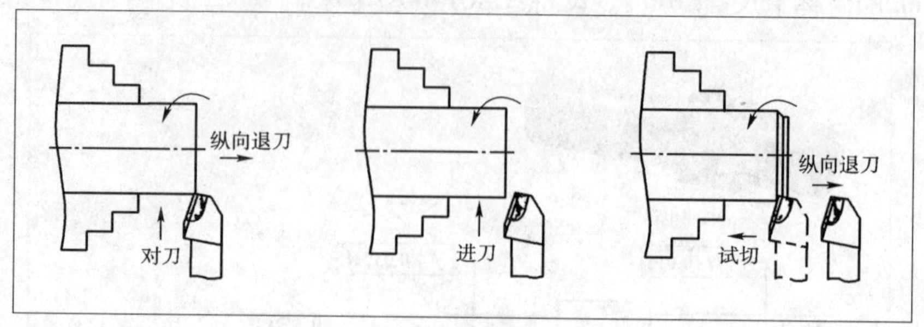

图4-16　试车削过程

④试车削。纵向进给切削工件2mm左右时，纵向快速退出车刀(图4-16)，停车测量，根据测量结果相应调整背吃刀量，直至试车削的测量结果为$\phi 50 \pm 0.1$mm为止。

⑤粗车限位台阶$\phi 50$mm×25mm。

(5)定总长，钻中心孔，如图4-17所示。

①将工件掉头，找正夹紧。

②车端面并保证总长(175±0.1mm)，钻中心孔。

(6)一夹一顶装夹，粗车整段$\phi 51$mm的外圆和$\phi 41$mm×49.5mm的外圆。

①夹住$\phi 50$mm×25mm的外圆，用后顶尖支顶。

②$f=0.3$mm/r，$n=500$mm/r。

③粗车整段$\phi 51$mm的外圆，背吃刀量$a_p=2$mm，如图4-18所示。

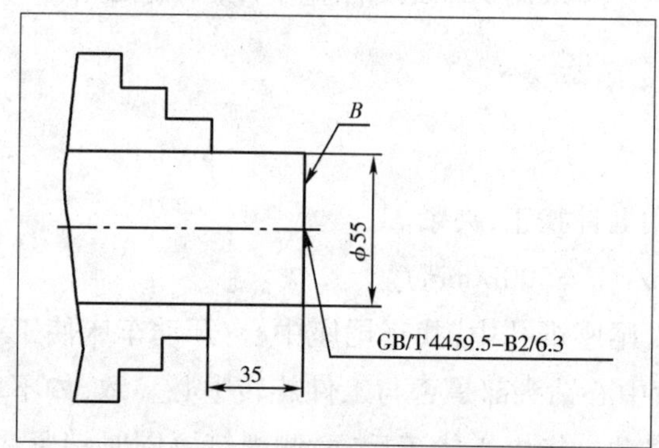

图4-17　定总长，钻中心孔

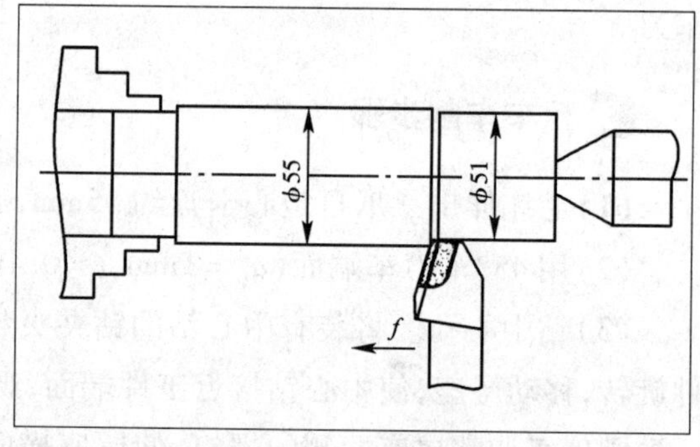

图4-18　粗车整段$\phi 51$mm外圆

④粗车左端外圆$\phi 41$mm×49.5mm，尺寸控制在$\phi 41 \pm 0.1$mm，长度控制在49.5±0.1mm，如图4-19所示。

(7)将工件掉头，粗车右端外圆$\phi 39$mm×89.5mm。

(8)用三爪自定心卡盘夹$\phi 41$mm处外圆，一夹一顶装夹工件。

(9)对刀→进给→试车→测量→粗车右端外圆。将直径控制为$\phi 39 \pm 0.1$mm，长度控制为89.5±0.1mm，如图4-20所示。

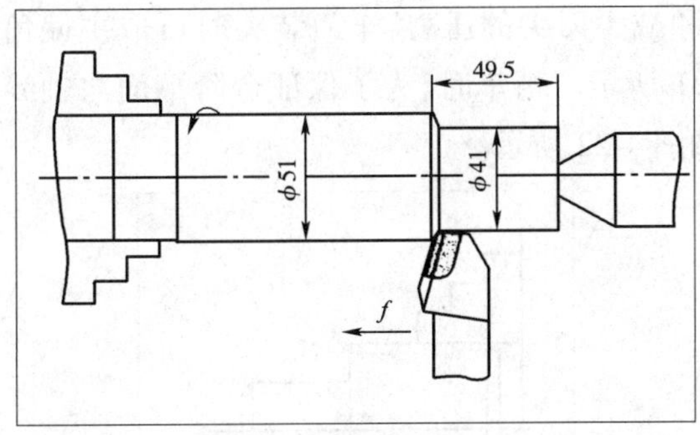

图 4-19　粗车左端 ϕ41mm 外圆

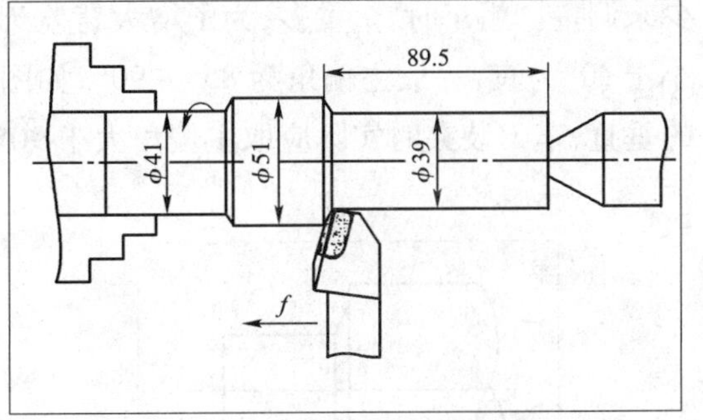

图 4-20　粗车右端 ϕ39mm 外圆

注意

一夹一顶装夹工件应注意以下几点：

1. 后顶尖的中心线应与车床主轴轴线重合，否则车出的工件会产生锥度。

2. 刀架有微小的松动及刀尖磨损也会造成锥度。

3. 在不影响车削的情况下，尾座套筒应尽量伸出短些，以提高刚度。

4. 当后顶尖用固定顶尖时，应在中心孔内加入润滑脂，以防温度过高而"烧坏"顶尖。

任务二　车　台　阶

1. 掌握车削台阶工件的方法与步骤。
2. 掌握台阶端面和长度的测量方法。

在同一工件上，有几个直径大小不同的圆柱在一起像台阶一样，就称之为台阶工件。台阶工件的车削，实际上就是外圆和端面车削的组合，故在车削时必须兼顾外圆的尺寸精度和台阶的要求。

一、刀具的选择和装夹

车削台阶时，通常选用90°外圆车刀（偏刀）。车刀的装夹应根据粗车、精车和余量的多少来调整。粗车时，余量多，为了增大背吃刀量和减少刀尖的压力，车刀装夹时可取主偏角小于90°为宜，一般主偏角为85°～90°，如图4-21所示。精车时，为了保证台阶平面与轴线的垂直，车刀装夹时实际应取主偏角大于90°，如图4-22所示。

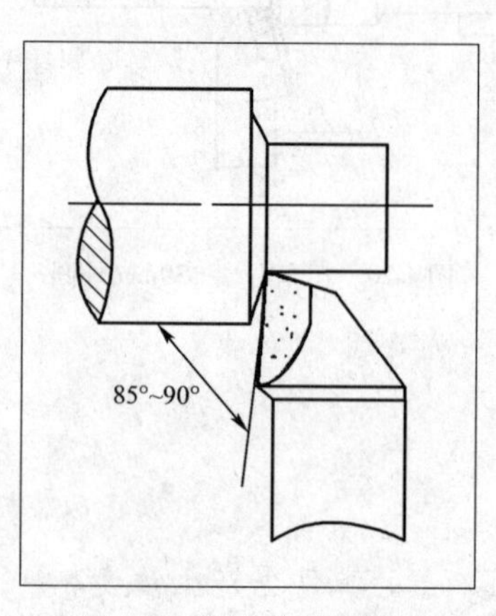

图4-21　粗车时车刀装夹

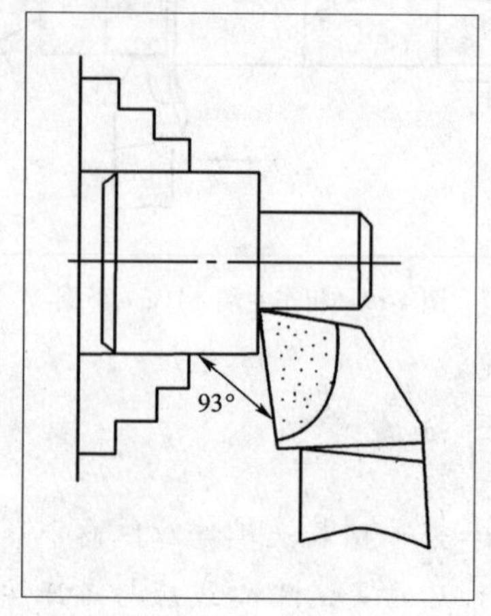

图4-22　精车时车刀装夹

二、车削台阶工件的方法

（1）车高度在5mm以下的台阶时，可以用一次进给车出，由于台阶面跟工件中心线垂直，要用主偏角为90°的偏刀在车外圆时同时车出，如图4-23、图4-24所示。

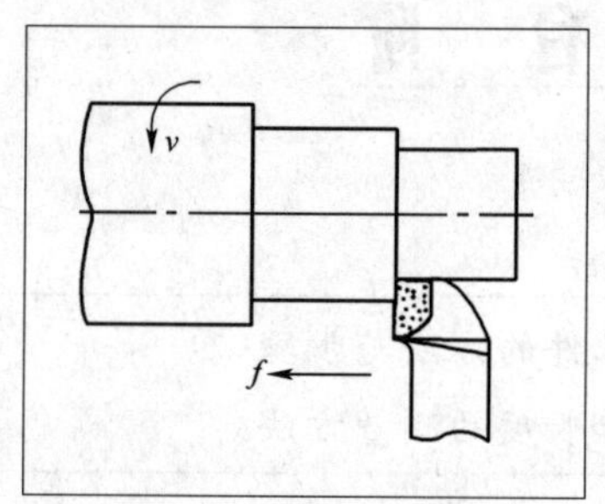

图4-23　车削低台阶

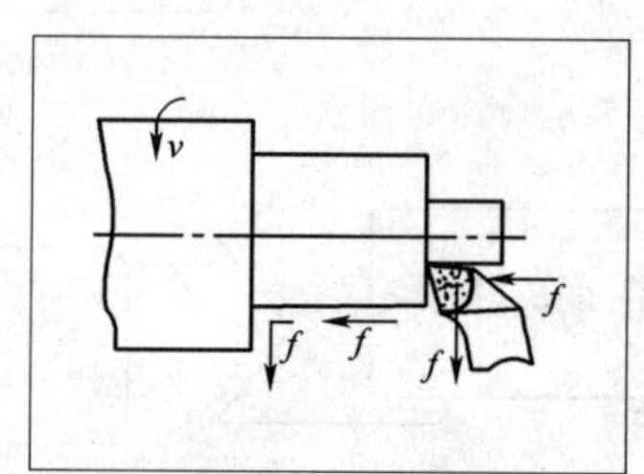

图4-24　车削低台阶

（2）车高度在5 mm以上的台阶时，宜分层进行切削，如图4-25所示。在最后一次进给时，车刀在纵向进给完成后用手摇动中滑板手柄，把车刀慢慢地均匀地退出，把台阶面车削一刀，使台阶面跟外圆垂直。

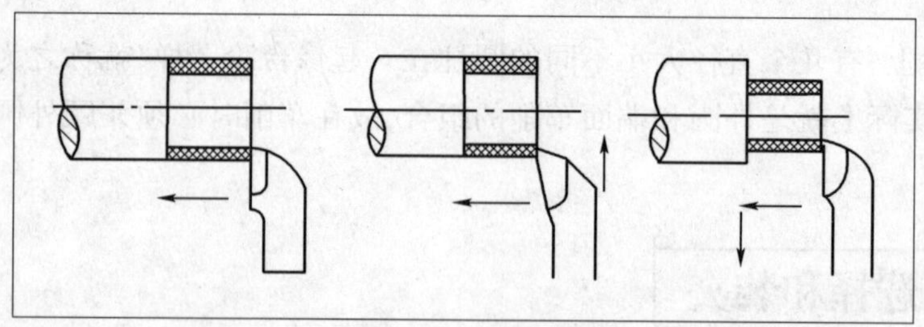

图4-25　车削高台阶

(1)粗车时,台阶的长度除第一台阶的长度因留精车余量而略短外,采用链接式标注的其余各级台阶的长度可车削至要求的尺寸。

(2)精车时,通常用机动进给进行车削,在车削至台阶近处,应以手动进给替代机动进给;当车削台阶面时,变纵向进给为横向进给,移动中滑板由里向外慢慢精车台阶平面,以确保其对轴线的垂直度。

三、台阶长度的测量和控制方法

在车削台阶时,轴向尺寸控制的关键是按工件图样找出正确的测量基准,若基准选择不当,在加工多台阶时会产生累积误差,从而可能出现不合格产品。

1 尺寸控制方法

(1)刻线划痕法:为了正确确定台阶位置,在车削前用卡钳或金属直尺量出台阶长度尺寸,然后用车刀的刀尖在台阶的位置处车刻出细线,再车削,如图4-26所示。

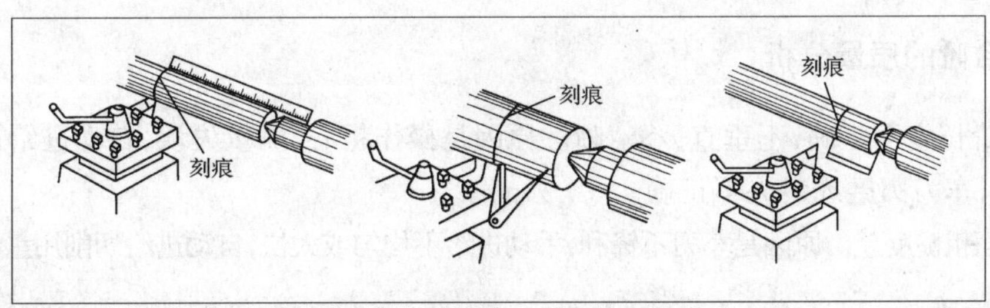

图4-26 刻线划痕法

(2)利用床鞍的刻度盘控制台阶尺寸方法:车削台阶时,把床鞍摇到车刀刀尖刚好接触工件的端面算起,然后调整床鞍刻度盘的零线,纵向进给直到刻度盘上的尺寸等于台阶轴向尺寸时即可。车削时的精度一般误差在0.3mm左右。

车削前根据台阶长度先用刀尖在工件表面刻线,然后按刻线法进行粗车。当粗车完毕时,台阶长度已基本符合要求。在精车外圆的同时,一起把台阶的长度车准。其测量方法,粗车时用金属直尺测量,精车时用深度游标卡尺测量,如图4-27所示。

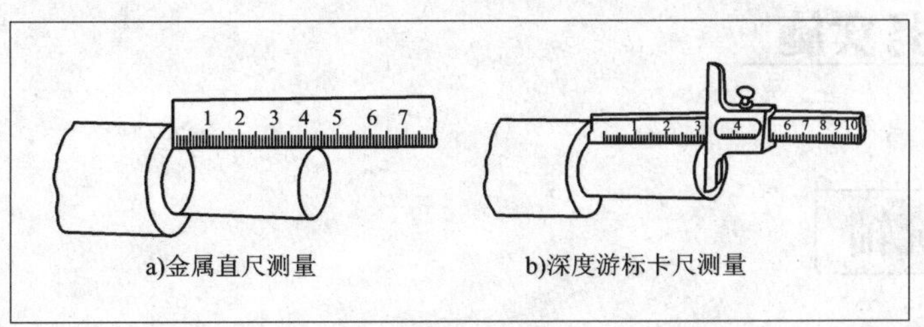

图4-27 台阶长度测量方法

具体方法

(1)台阶长度尺寸要求较低时可直接用床鞍刻度盘控制。

(2)台阶长度可用金属直尺或样板确定位置,如图4-28a)、b)所示。车削时先用刀尖车出比台阶长度略短的刻痕作为加工界限,台阶的准确长度可用游标卡尺或深度游标卡尺测量。

(3)台阶长度尺寸要求较高且长度较短时,可用小滑板刻度盘控制其长度。

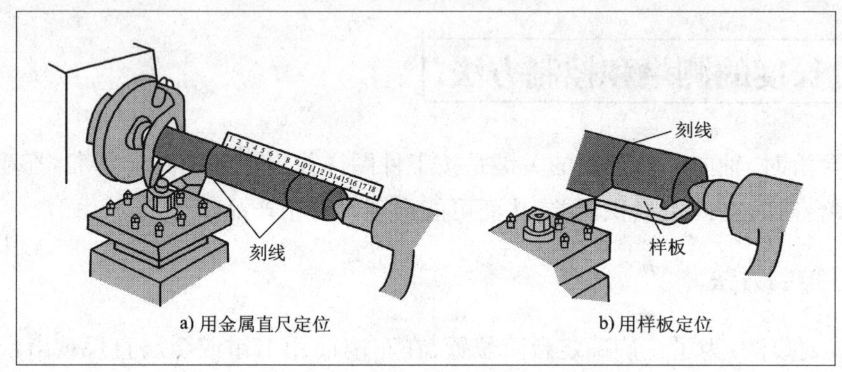

图4-28　台阶测量

2 车台阶的质量分析

(1)台阶长度不正确,不垂直,不清晰。原因是操作粗心,测量失误,自动进给控制不当,刀尖不锋利,车刀刃磨或装夹不正确。

(2)表面粗糙度差。原因是车刀不锋利,手动进给不均匀或太快,自动进给切削用量选择过大。

注意

1. 台阶根部要清角。

2. 台阶工件的测量,应从一个基准面量起,以防积累误差。

3. 使用自动进给车至距离刻线痕1~3mm时,改为手动进给车至长度。

任务实施

一、加工台阶轴

加工图4-29所示的台阶轴。

1 准备工作

毛坯：ϕ50mm × 150mm。材料：45 钢。

刀具：45°车刀、90°车刀。量具：游标卡尺、金属直尺。

设备：CA6140 型车床

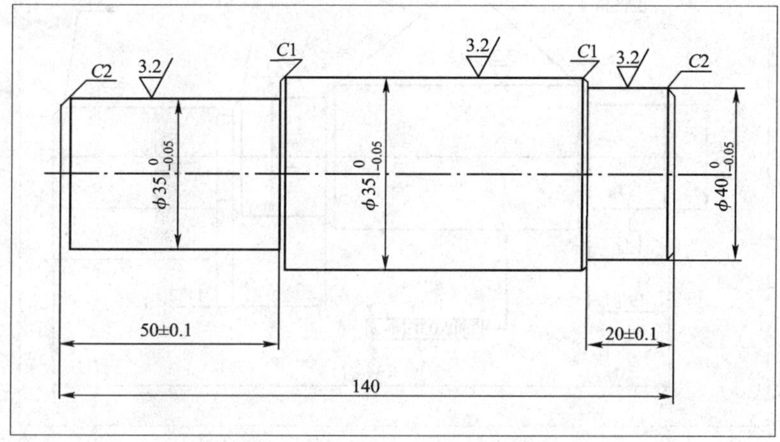

图 4-29 台阶轴

2 车削工艺步骤

（1）将工件用一夹一顶的方法装夹到车床上，夹持部分不超过 10mm。

（2）将 90°车刀装夹在刀架上。

（3）调整车床转速 n = 500r/min。f = 0.2mm/r，粗车 ϕ35mm ~ ϕ36mm，长 49mm。

①起动车床，使工件旋转，左手摇动床鞍手轮，右手摇动中滑板手柄，使车刀刀尖靠近并轻轻地接触工件待加工表面，以此作为确定背吃刀量的零点位置。

②对刀：反向摇动床鞍，使车刀向右离开工件 3 ~ 5mm。

③进刀：摇动中滑板手柄，使车刀横向进给，其进给量为背吃刀量，进行试切削。

④试切削：试切削的目的是为了控制背吃刀量，保证工件的加工尺寸。车刀进刀后作纵向移动 2mm 左右时，纵向快退，停车测量。如尺寸符合要求，就可继续切削；如尺寸还大，可加大背吃刀量；若尺寸过小，则应减小背吃刀量。

⑤正常车削；通过试切削调节好背吃刀量，便可正常车削。此时，可选择机动或手动纵向进给。当车削到所需部位时，退出车刀，停车测量。如些多次进给，直到被加工表面达到图样要求为止。

（4）调整车床转速 n = 800r/min。f = 0.10mm/r 进行精车。精车 ϕ35mm 至尺寸，控制长度 50mm；精车 ϕ45mm 至尺寸，长度大于 125mm；装夹 45°车刀，倒角 $C1$。

（5）调头装夹 ϕ45mm 部分。在装夹前用高度尺在工件上划 100mm 的刻痕。在工件表面上包紫铜皮，防止夹伤工件。校正工件。校正后卡紧工件。用 45°车刀，端面取长 140mm。粗精车 ϕ40mm，控制长度 20mm，倒角 $C1$。

（6）检查各部分尺寸。

二、加工轴

加工图 4-30 所示的轴。

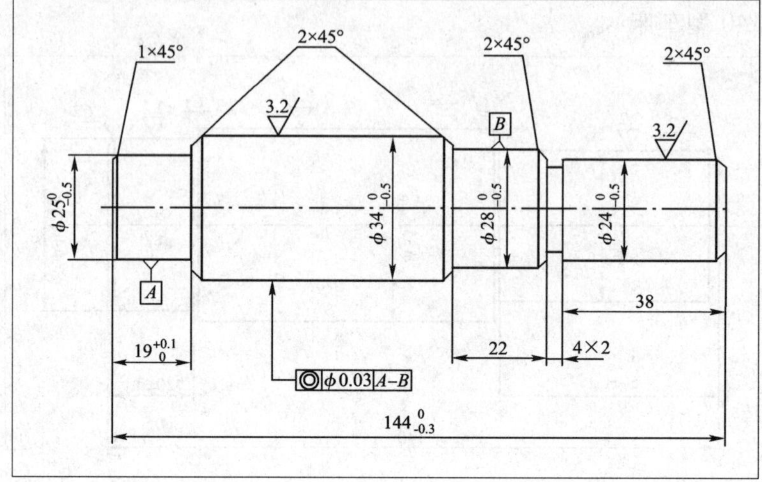

图 4-30　轴

1 准备工作

毛坯:ϕ50mm×150mm。材料:HT150。

刀具:45°车刀、90°车刀、中心钻等。量具:游标卡尺、千分尺。

设备:CA6140 型车床。

装夹方法:用一夹一顶装夹。

2 车削工艺步骤

(1)用三爪自定心卡盘装夹坯料外圆(露出部分长度不少于 100mm),用 45°车刀手动横向进给车端面。

(2)用 90°车刀手动纵向进给粗车 ϕ28mm、ϕ24mm 两级外圆,留 2mm 精车余量,并保证台阶长度,钻中心孔。

(3)用切断刀手动进给车槽至尺寸。

(4)调头夹住 ϕ28mm 外圆,用手动进给车端面截总长至尺寸,钻中心孔。

(5)用后顶尖顶住,用手动进给粗车 ϕ34mm,ϕ25mm 两级外圆,留下 2mm 余量。

(6)采用一顶一夹装夹工件,精车 ϕ25mm、ϕ34mm、ϕ28mm、ϕ24mm 至尺寸,倒角符合要求。

三、完成第一节台阶轴工件的精车阶段(选作)

1 准备工作

(1)台阶轴工件粗车的半成品,检查其尺寸是否留有精加工余量。

(2)工艺装备：三爪自定心卡盘，前、后顶尖，鸡心夹头，0～150mm的游标卡尺，0～20mm、25～50mm的千分尺，百分表。设备：CA6140型车床。

2 工艺分析

精车阶段，工件的加工余量较小，选择精车刀的几何参数和切削用量时应考虑使工件一次能达到较高的几何公差要求以及较小的表面粗糙度值。选用90°硬质合金精车刀。车削时可采用较高的切削速度，而进给量应选择较小些，以保证工件的表面质量。

3 加工步骤

(1)在两顶尖间装夹工件。

①用鸡心夹头夹紧台阶轴右端ϕ39mm处。

②根据工件长度调整好尾座的位置并紧固。

③将装有夹头的一端工件的中心孔放置在前顶尖上，并使夹头拨杆贴近卡盘的卡爪侧面。

④使后顶尖顶入工件另一端的中心孔，将尾座套筒固定手柄压紧。

(2)切削用量：$a_p = 0.4 \sim 0.8$mm，$f = 0.1 \sim 0.2$mm/r，$n = 800$r/min。

(3)精车台阶左端。

①起动车床，使工件旋转。

②将90°车刀调至工作位，精车$\phi50 \pm 0.1$mm的外圆，如图4-31所示。

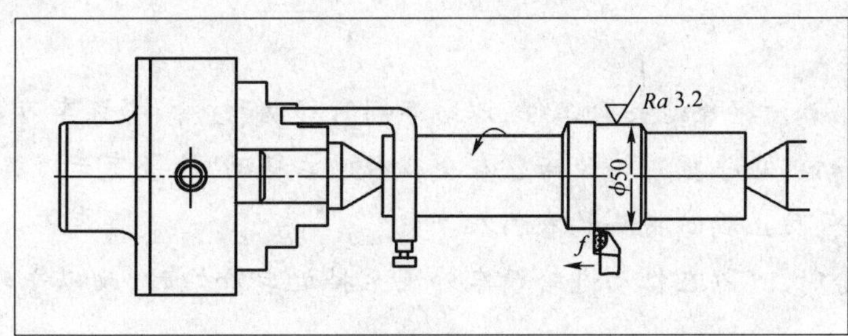

图4-31　精车$\phi50 \pm 0.1$mm外圆

③精车左端外圆至$\phi40_{-0.06}^{-0.02}$mm，长度为50 ± 0.1mm，如图4-32所示。

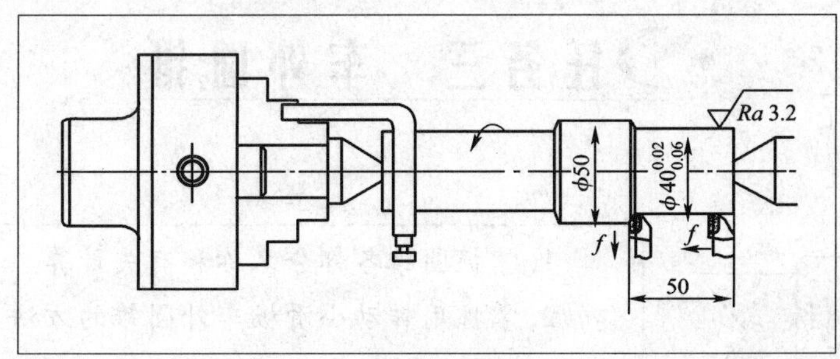

图4-32　精车ϕ40mm外圆

④调整45°车刀至$\phi40_{-0.06}^{-0.02}$mm外圆的端面处，倒角$C1.5$mm，如图4-33所示。

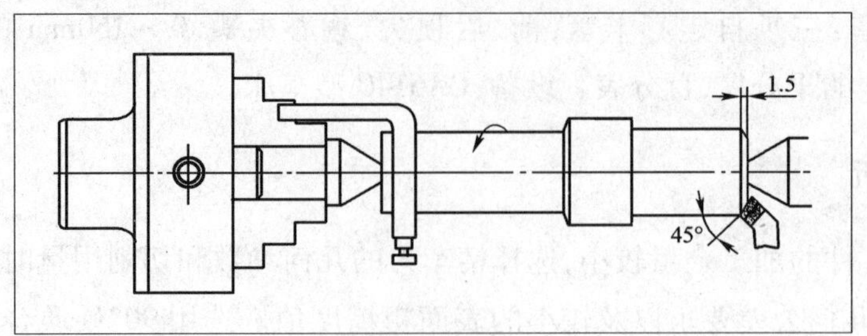

图 4-33 倒角

(4)精车台阶轴的右端。

①将工件掉头,用两顶尖装夹(需垫铜皮)。

②精车右端外圆至 $\phi38_{-0.039}^{\ 0}$ mm,长度 89.5 ±0.1mm,如图 4-34 所示。

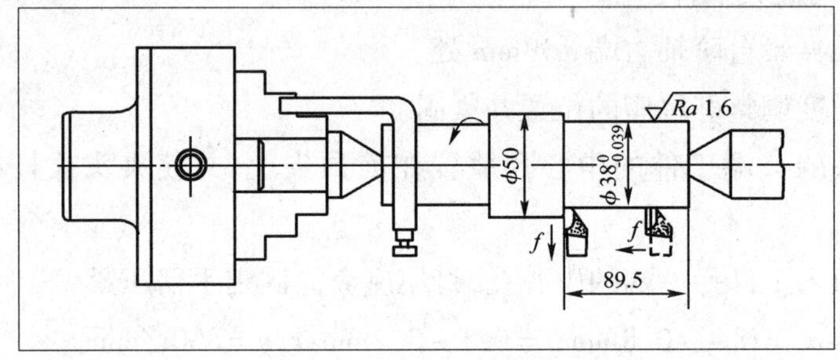

图 4-34 精车 $\phi38_{-0.039}^{\ 0}$ mm,长度 89.5 ±0.1mm 外圆

③用 45°车刀倒角 $C1.5$mm。

注意

1. 鸡心夹头必须牢靠地夹紧工件,以防车削时移动、打滑、损坏车刀。

2. 车削开始前,应手摇手轮使床鞍在全行程左右移动,检查有无碰撞现象。

3. 注意安全,防止鸡心夹头钩衣伤人。

4. 精车台阶时,可以在机动进给精车外圆至接近台阶处时,改以手动进给替代机动进给。

5. 台阶端面与圆柱面相交处要清根。

任务三 车外圆锥

1. 掌握圆锥各部分名称和有关计算。
2. 掌握用转动小滑板车外圆锥的方法。
3. 了解圆锥的角度测量方法。
4. 了解圆锥车削时注意事项。

相关知识

在机床和工具中，常会遇到使用圆锥面配合的情况：如车床主轴锥孔与前顶尖锥柄之间的配合，车床尾座锥孔与顶尖的圆锥柄、与麻花钻的锥柄之间的配合，锥度心轴，圆锥定位销等。圆锥面具有配合紧密、传递扭矩大、定位准确、装拆方便等优点，因此在机器制造中被广泛采用。锥面是车床上除内外圆柱面之外最常加工的表面之一。

一、圆锥面的相关知识

为了制造和使用方便，降低生产成本，机床、工具和刀具中的圆锥已实现标准化，并对圆锥规定了号数。使用时，只要号数相同，即能互换。常用标准工具圆锥有莫氏圆锥和米制圆锥两种。

1 莫氏圆锥

莫氏圆锥是机械制造业中应用最为广泛的一种，如车床上的主轴锥孔、顶尖锥柄。尺寸由小到大有 0、1、2、3、4、5、6 七个号码。当号码不同时，圆锥角和尺寸都不同。莫氏圆锥的锥度和圆锥半角见表 4-1。

莫氏圆锥常用的数据　　表 4-1

莫氏圆锥号数	锥 度 C	圆锥角 α	圆锥半角 $\alpha/2$
No. 0	1:19.212	2°58′54″	1°29′27″
No. 1	1:20.047	2°51′26″	1°25′43″
No. 2	1:20.020	2°51′41″	1°25′50
No. 3	1:19.922	2°52′32″	1°26′16″
No. 4	1:19.254	2°58′31	1°29′15″
No. 5	1:19.002	3°00′53″	1°30′26″
No. 6	1:19.235	2°59′12″	1°29′18″

2 米制圆锥

米制圆锥有 4、6、80、100、120、160、200 七个号码。它的号码是指大端直径，锥度固定不变，即 $C=1:20$，米制圆锥的优点是锥度不变，记忆方便。

此外，一些常用配合锥面的锥度也已标准化，称为专用标准圆锥锥度，见表 4-2。

一般用途圆锥的锥度与锥角　　表 4-2

基 本 值		推 算 值		
系列 1	系列 2	圆锥角 α		锥度 C
120°	—	—	—	1:0:0.288675
90°		—	—	1:0:0.500000
	75°	—	—	1:0:0.651613
60°		—	—	1:0:0.866025
45°		—	—	1:1:207107
30°		—	—	1:1:866025
1:3		18°55′28.7″	18.924644°	—
1:5		11°25′16.3″	11.421186°	—
	1:6	9°31′38.2″	9.527283°	—
	1:7	8°10′16.4″	8.171234°	—
	1:8	7°9′9.6″	7.152669°	—
1:10		5°43′29.3″	5.724810°	—
	1:12	4°46′8.8″1	4.771888°	—
	1:15	3°49′5.9″	3.818305°	—
1:20		2°51′51.1″	2.864192°	—
1:30		1°54′34.9″	1.909682°	—
	1:40	1°25′56.8″	1.432222°	—
1:50		1°8′45.2″	1.145877°	—
1:100		0°34′22.6″	0.572953°	—
1:200		0°17′11.3″	0.286478°	—

注:优先选用第一系列,当不能满足需要时选用第二系列。

二、圆锥的基本参数及其尺寸计算公式

1 圆锥的基本参数

圆锥的基本参数如图 4-35 所示,其中:D—圆锥大端直径;d—圆锥小端直径;L—圆锥长度;C—锥度;α—圆锥角;$\alpha/2$—圆锥半角;$C/2$—斜度。

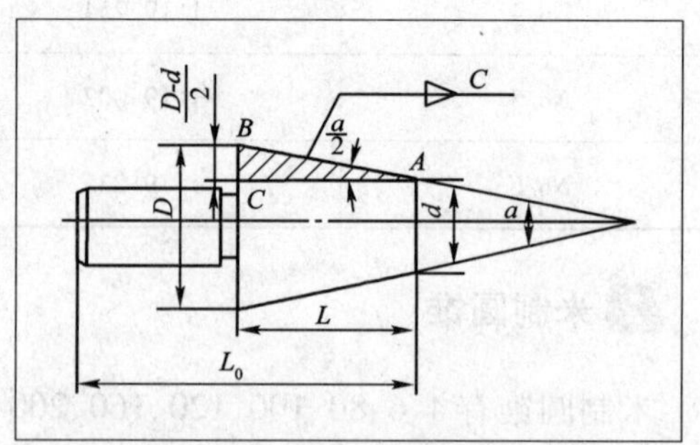

图 4-35　圆锥的基本参数

2 圆锥半角的计算公式

圆锥半角的计算公式为

$$\tan\frac{\alpha}{2}=\frac{D-d}{2L}=\frac{C}{2}$$

由于应用上述公式计算 $\alpha/2$ 必须查三角函数表,实际使用中,为了方便计算,通常可应用圆锥半角的近似计算公式。

圆锥半角的近似计算公式为

$$\frac{\alpha}{2}=\text{常数}\times\frac{D-d}{L}$$

常数的数值根据锥度值来确定,当 $\alpha/2<6°$,即 $C<0.1$ 时,公式为

$$\frac{\alpha}{2}=28.7°\times\frac{D-d}{L}$$

具体见表 4-3。

计算圆锥半角近似公式常数参考表 表 4-3

$\frac{D-d}{L}$ 或 C	常　数	备　注
0.10 ~ 0.20	28.6°	本表适用于 $\alpha/2$ 在 6° ~ 13°之间
0.20 ~ 0.29	28.5°	
0.29 ~ 0.36	28.4°	
0.36 ~ 0.40	28.3°	
0.40 ~ 0.45	28.2°	

3 圆锥大端直径 D 计算公式

圆锥大端直径 D 计算公式为

$$D=d+CL+2L\tan\frac{\alpha}{2}$$

4 圆锥小端直径 d 计算公式

圆锥小端直径 d 计算公式为

$$d=D-CL=D-2L\tan\frac{\alpha}{2}$$

三、圆锥基本参数的计算实例

(1) 根据图 4-36 所示圆锥工件,求其最小圆锥直径 d。

解:读图知锥度 $C=1:5$,最大圆锥直径 $D=45\text{mm}$,圆锥长度 $L=50\text{mm}$,根据公式得:

$$d=D-CL=45\text{mm}-1/5\times50\text{mm}=35\text{mm}$$

(2) 车削锥度 $C=1:5$ 的圆锥,求圆锥半角 $\alpha/2$。

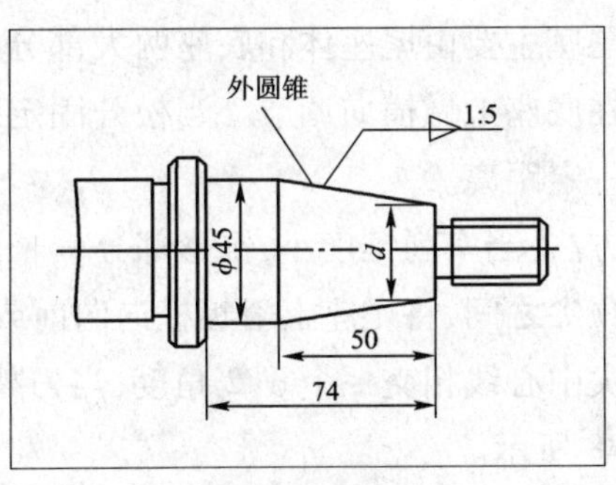

图 4-36　圆锥工件

解：$C=1:5=0.2$，根据公式得：

$$\tan\frac{\alpha}{2}=\frac{D-d}{2L}=\frac{C}{2}=\frac{0.2}{2}=0.1$$

查表得：
$$\frac{\alpha}{2}=5°42'38''$$

(3)用近似计算法求图4-37中圆锥半角。

解：$C=1:5$，即 $C=0.2$　由表得：常数 $=28.5°$

可求得：$\alpha/2=28.5°\times0.2=5.7°=5°42'$

四、车圆锥面方法与步骤

车圆锥面的方法有四种：转动小滑板法、偏移尾座法、靠尺法和宽刀法。

1 转动小滑板法(小刀架转位法)

方法：当加工锥面不长的工件时，可用转动小刀架法车削。车削时，将小滑板下面的转盘上螺母松开，根据零件的圆锥角(α)，把小刀架下的转盘顺时针或逆时针扳转一个圆锥角($\alpha/2$)，把转盘转至所需要的圆锥半角 $\alpha/2$ 的刻线上，与基准零线对齐，然后固定转盘上的螺母，用手缓慢而均匀转动小刀架手柄，车刀则沿着锥面的母线移动，从而加工出所需要的锥面。如果锥角不是整数，可在锥角度数附近估计一个值，试车后逐步找正，如图4-37所示。

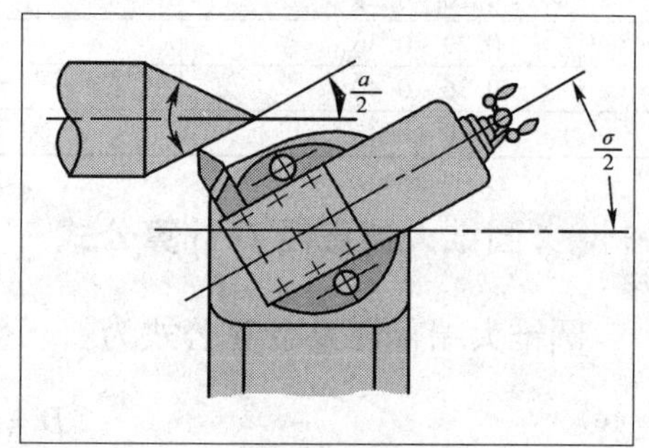

图4-37　转动小滑板法

特点：此法车锥面操作简单，可以加工任意锥角的内、外锥面。因受小刀架行程的限制，不能加工较长的锥面。需手动进给，劳动强度较大，表面粗糙度值 Ra 为 1.6～6.3μm。

应用：用于单件小批生产中，车削精度较低和长度较短的圆锥面。

2 偏移尾座法

尾座主要由尾座体和底座两大部分组成。底座靠压板和固定螺钉紧固在床身上，尾座体可在底座上做横向调节。当松开固定螺钉而拧动两个调节螺钉时，即可使尾座体在横向移动一定距离。

方法：当车削锥度小，锥形部分较长的圆锥面时，可以用偏移尾座的方法。工件安装在前后顶尖之间，将尾座上滑板横向向前或向后偏移一个距离 s，使偏位后两顶尖连线与原来两顶尖中心线相交一个 $\alpha/2$ 角度，当刀架自动或手动纵向进给时，即可车出所需的锥面，如图4-38所示。

尾座的偏向取决于工件大小头在两顶尖间的加工位置。尾座的偏移量与工件的总长有

关,如图4-38所示,尾座偏移量可用下列公式计算:

$$s=\frac{D-d}{2L}L_0$$

式中:s——尾座偏移量;

L——工件锥体部分长度;

L_0——工件总长度;

D、d——分别为锥体大头直径和锥体小头直径。

尾座的偏移方向,由工件的锥体方向决定。当工件的小端靠近尾座处,尾座应向里移动,反之,尾座应向外移动。

特点:此法可以加工较长的锥面,并能采用自动进给,表面加工质量较高,表面粗糙度值小($Ra=1.6\sim6.3\mu m$)。因受尾座偏移量的限制,只能车削工件圆锥斜角 $\alpha<8°$ 的外锥面。又因顶尖在中心孔内是歪斜的,接触不良,磨损不均匀,变得不圆,导致在加工锥度较大的斜面时,影响加工精度。偏移尾座法车圆锥时,最好使用球顶尖,以保持顶尖与中心孔有良好的接触状态。

应用:用于单件和成批生产中,加工锥度较小、较长的外圆锥面。

3 靠尺法(靠模法)

靠模尺装置一般要自制,也有作为车床附件供应的。

方法:靠模尺装置的底座固定在床身的后侧面。底座上装有靠模尺,靠模尺可以根据需要扳转一个斜角(α)。使用靠模尺时,需将中滑板上螺母与横向丝杆脱开,并用接长板与滑块连接在一起,滑块可以在靠模尺的导轨上自由滑动。这样,当床鞍作自动或手动纵向进给时,中滑板与滑块一起沿靠模尺方向移动,即可车出圆锥斜角为 α 的锥面,如图4-39所示。加工时,小刀架需扳转90°,以便调整下一刀的横向位置和背吃刀量。

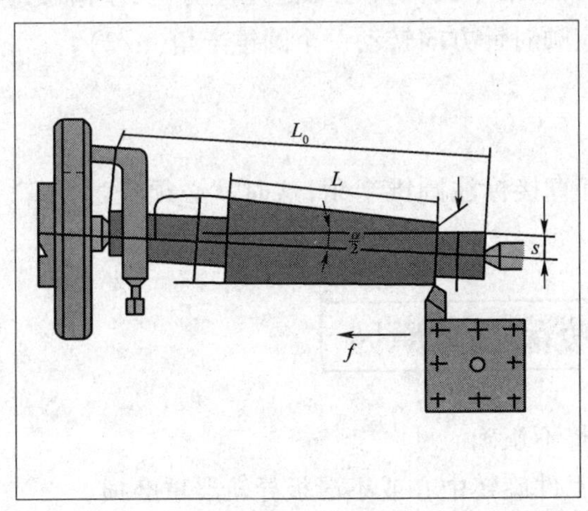

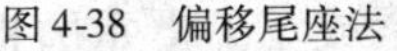
图4-38 偏移尾座法

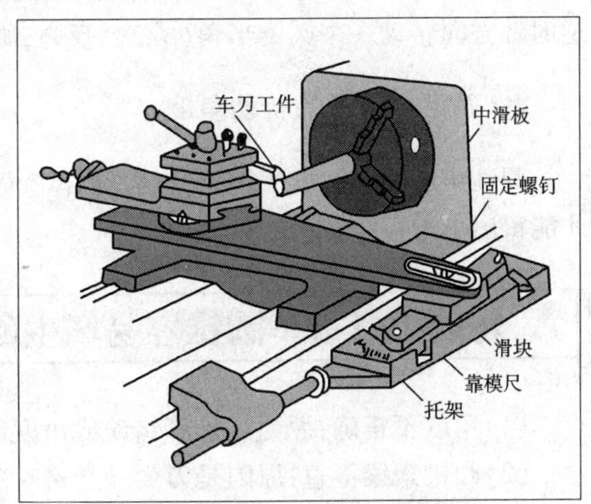

图4-39 靠尺法

特点:可加工较长的内、外锥面,圆锥斜度不大,一般 $\alpha<12°$,若圆锥斜度太大,中滑板由于受到靠模尺的约束,纵向进给会产生困难;能采用自动进给,锥面加工质量较高,表面粗糙度值 Ra 可达 $1.6\sim6.3\mu m$。

应用：适用于成批和大量生产中，加工锥度小、较长的内外圆锥面。

4 宽刀法（样板刀法）

方法：宽刀（样板刀）车削圆锥面，是依靠车刀主切削刃垂直切入，直接车出圆锥面，如图4-40所示。

特点：宽刀切削刃必须平直，刃倾角为零，主偏角等于工件的圆锥斜角（$\alpha/2$）；装夹车刀时，必须保持刀尖与工件回转中心等高；加工的圆锥面不能太长，要求机床-工件-刀具系统必须具有足够的刚度；此法加工的生产率高，工件表面粗糙度值 Ra 可达1.6～6.3μm。

应用：适用于大批量生产中加工锥度较大、长度较短的内外圆锥面。

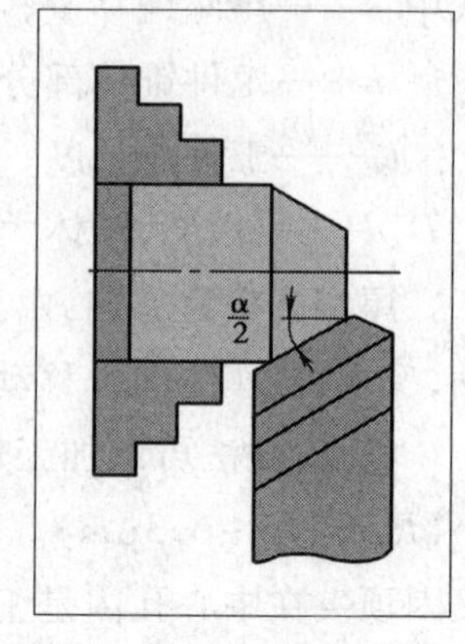

图4-40　宽刀法

五、用转动小滑板法车圆锥要点提示

1 装夹车刀

车刀必须严格对准工件的旋转中心，否则车出的圆素线将不是直线，而是双曲线。精车外圆锥主要考虑提高工件的表面质量和控制外圆锥的尺寸精度。因此，精车外圆锥时，要求车刀必须锋利、耐磨，一般采用90°精车刀。

2 确定小滑板的转动方向

车外圆锥工件时，如果最大圆锥直径靠近主轴，最小圆锥直径靠近尾座方向，小滑板应逆时针方向转动一个圆锥半角（$\alpha/2$），反之，则应顺时针方向转动一个圆锥半角（$\alpha/2$）。

3 确定小滑板的转动角度

圆锥角度的标注方法很多，有时图样上没有直接标注圆锥半角，这时就必须经过换算，才能得出小滑板应转动的角度。

六、转动小滑板车圆锥容易产生的废品及其原因

（1）角度不正确：原因是计算错误或角度调整不正确。

（2）圆锥素线不直：原因是刀尖未严格对准工件旋转中心或小滑板导轨严重磨损。

（3）表面粗糙度达不到要求：原因是塞铁调整得太松、太紧或车刀严重磨损，手动进给不均匀等。

（4）尺寸车小：原因是精车时，尺寸未控制好或车圆锥时背吃刀量 a_p 计算出错。

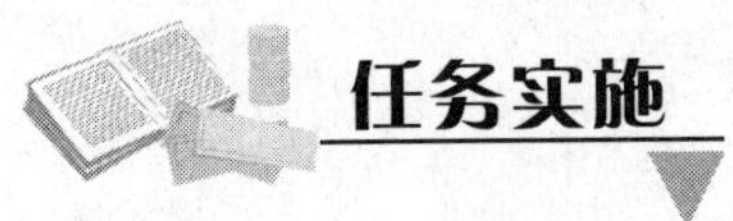

一、加工圆锥堵

加工图 4-41 所示的圆锥堵。

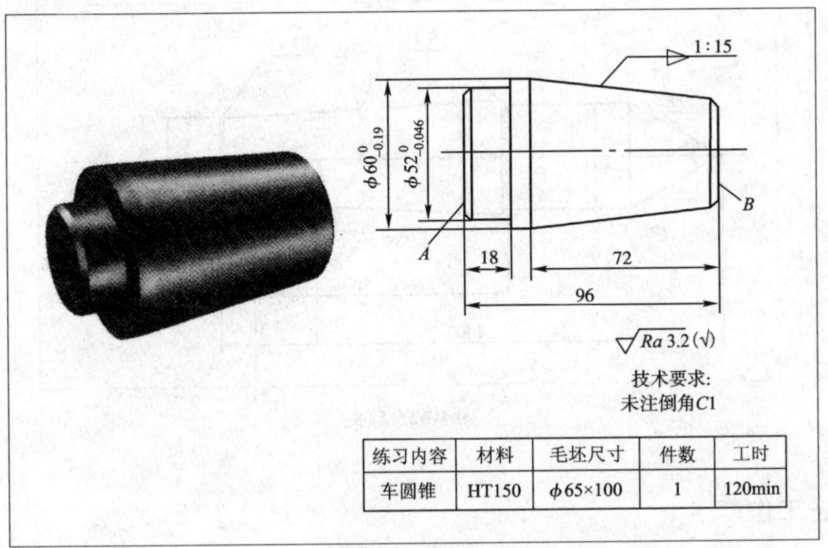

练习内容	材料	毛坯尺寸	件数	工时
车圆锥	HT150	ϕ65×100	1	120min

图 4-41　圆锥堵

1 准备工作

毛坯:ϕ65mm×100mm。材料:HT150

工艺准备:活扳手、90°粗车刀、90°精车刀、45°车刀、0.02mm/(0～150)mm 的游标卡尺、50～75mm 的千分尺、万能角度尺。

设备:CA6140 型车床

2 操作步骤

(1)找正、夹紧毛坯:三爪自定心卡盘夹紧毛坯外圆,伸出长度为 30mm 左右。

(2)车左端面:车端面,车外圆至 $\phi52^{0}_{-0.046}$ mm,长 18mm 至要求,倒角 C1mm。

(3)掉头,找正并夹紧:掉头,垫铜皮夹住外圆 $\phi52^{0}_{-0.046}$ mm,找正夹紧。

(4)车右端:车右端面,保证总长 96mm,粗、精车外圆 $\phi60^{0}_{-0.19}$ mm 至要求。

(5)粗车外圆锥:使小滑板逆时针转动 $\frac{\alpha}{2}$(圆锥半角 $\frac{\alpha}{2}=1°54'33''$),粗车外圆锥。

(6)调整角度:把小滑板转角调整准确。

(7)精车外圆锥:精车外圆锥至要求。

(8)倒角:倒角 C1mm。

(9)检查。

二、加工顶尖

加工图 4-42 所示的顶尖。

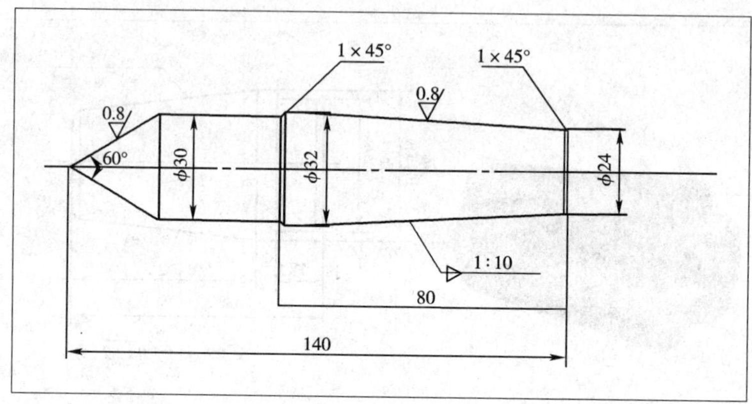

图 4-42 顶尖

1 准备工作

刀具:45°车刀、90°车刀、切断刀、中心钻等。量具:游标卡尺、千分尺、万能角度尺。

装夹方法:用一夹一顶装夹。

2 操作步骤

(1)装夹 2 件,平端面,粗车外圆至 ϕ33mm。

(2)调头,装夹,平端面,定总长 140mm 至尺寸。

(3)精车外圆 ϕ30mm×60mm。

(4)转动小滑板车 60°顶尖合格。

(5)调头装夹,钻中心孔。

(6)一夹一顶精车外圆 ϕ32mm×80mm。

(7)转动小滑板车 1:10 锥面部分。

(8)倒角。

(9)用砂布对圆锥表面抛光。

注意

1. 车外圆锥时,一般按最大圆锥直径留 1mm 左右余量。

2. 注意要消除小滑板间隙。小滑板过松,会产生圆锥表面车削痕迹粗细不一。

3. 粗车时背吃刀量不宜过大,应先找正锥度。一般留精车余量 0.5mm。

4. 在转动小滑板时,应使转动角度稍大于圆锥半角,然后逐步找正。当需微小调整时,只需稍旋松螺母,按找正方向用棒轻敲达到要求。

任务四　车槽与切断

1. 掌握用直进法切槽、切断。
2. 掌握外圆沟槽的检测方法。

在轴类零件中常有各种形状的沟槽,如图 4-43 所示,如常见的砂轮越程槽,加工螺纹时的退刀槽。这些沟槽在机器上的最后作用还可能起到保证零部件装配量有一个正确的轴向位置。本节以常见的外圆沟槽为例,介绍其车削方法。

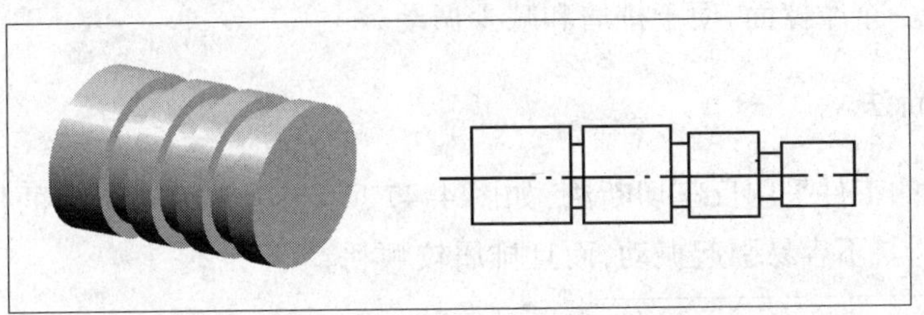

图 4-43　带沟槽的轴

一、车槽的方法

车槽的方法有直进法和左右借刀法两种:直进法是指垂直于工件轴线方向进给切削沟槽或切断,如图 4-44 所示,此法效率较高,但在车削时应适当地减小进给量,进给量太大会容易使刀头折断;左右借刀法是指切刀在工件的轴线方向上反复地移动到工件所需径向尺寸或被切断,如图 4-45 所示,此法常用于工艺系统刚性不足的情况下,用来对工件的切槽或切断。

(1)车精度要求不高且较窄的槽：可用主切削刃宽度 a 等于槽宽的车槽刀，采用直进法一次进给车出。

(2)车精度要求较高的槽：一般采用两次进给完成。第一次进给时，槽壁两侧留有精车余量，第二次进给时用等宽车槽刀修整，也可用原车槽刀根据槽深和槽宽进行精车。

(3)车削宽槽：可用多次直进法，在槽壁两侧留有精车余量，然后根据槽深和槽宽车至尺寸。

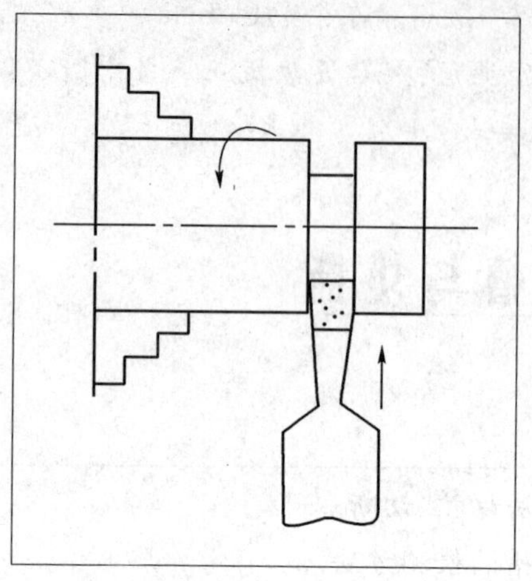

图 4-44　用直进法车矩形沟槽

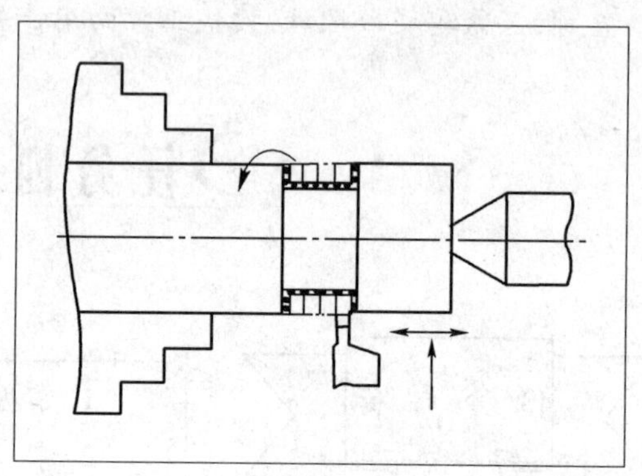

图 4-45　宽度大的矩形沟槽车削

二、切断的方法

1 正车切断法

切断一般都采用正车切断法，即主轴正转，横向进给进行车削。横向进给可以手动也可以机动。当机床刚性不够好时，切断过程中可采用分段切断法，如图 4-46 所示，这样可使切刀比直切法减少一个摩擦面，便于排屑和减少振动。

2 反车切断法

对于大而重的工件采用反车切断法，如图 4-47 所示，因车刀对工件的作用力与工件的自重力的方向相同，不容易引起振动，而且排屑较顺利。

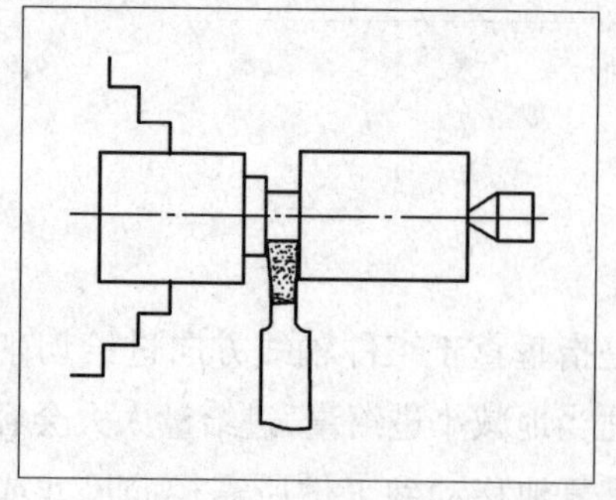

图 4-46　分段切断法

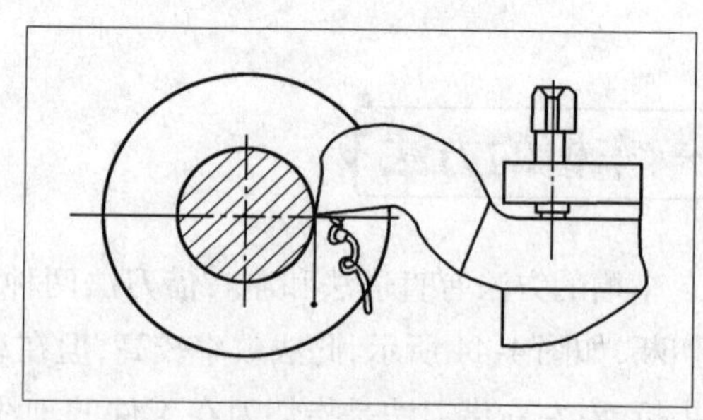

图 4-47　反车切断法

采用反车切断法时卡盘应有防松装置,同时因为刀架受到的力是向上的,故刀架要有足够的刚性。

反车切断法的缺点是难于观察切削过程中的具体情况。

三、切断或切槽时切削用量的选择

由于切槽刀的刀头强度相对较弱,所以在选用切削用量时,应尽量减小数值。

1 背吃刀量 a_p

由于切槽或切断时属于横向进给切削,所以背吃刀量等于刀头的宽度。

2 进给量 f

刀具材料为硬质合金:工件为钢料时,通常 $f=0.1\sim0.2$mm/r;工件为铸铁时,通常 $f=0.15\sim0.25$mm/r。刀具材料为高速钢:工件为钢料时,通常 $f=0.05\sim0.1$mm/r;工件材料为铸铁时,通常 $f=0.1\sim0.2$mm/r。

3 切削速度 v_c

刀具材料为硬质合金:工件为钢料时,通常 $v_c=80\sim120$m/min;工件为铸铁时,通常 $v_c=60\sim100$m/min。刀具材料为高速钢:工件为钢料时,通常 $v_c=30\sim40$m/min;工件材料为铸铁时,通常 $v_c=15\sim1000$m/min。

四、外圆沟槽的检查和测量方法

(1)精度要求较低的矩形沟槽,可用金属直尺测量宽度,用外卡钳测量其外径,如图4-48所示。

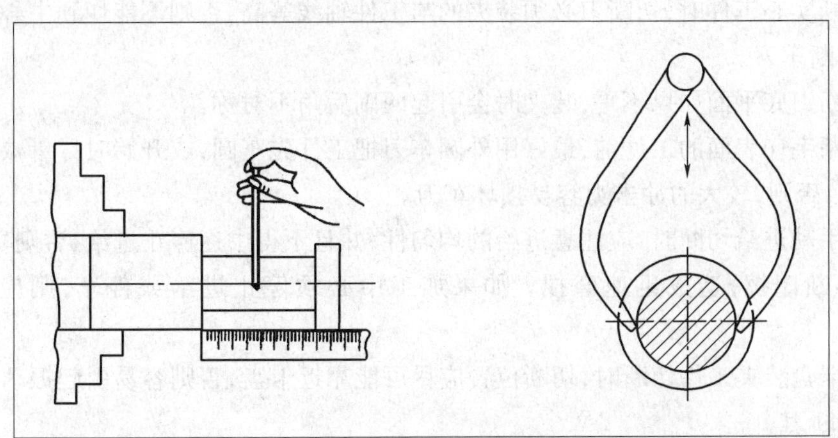

图 4-48 用金属直尺和外卡钳检测矩形槽的宽度和直径

(2)精度要求较高的矩形沟槽,通常用千分尺、样板和游标卡尺测量,如图 4-49、图 4-50

所示。

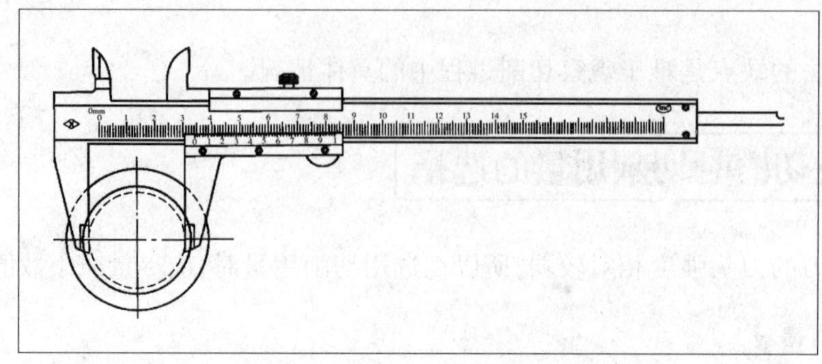

图 4-49　用游标卡尺检测槽直径

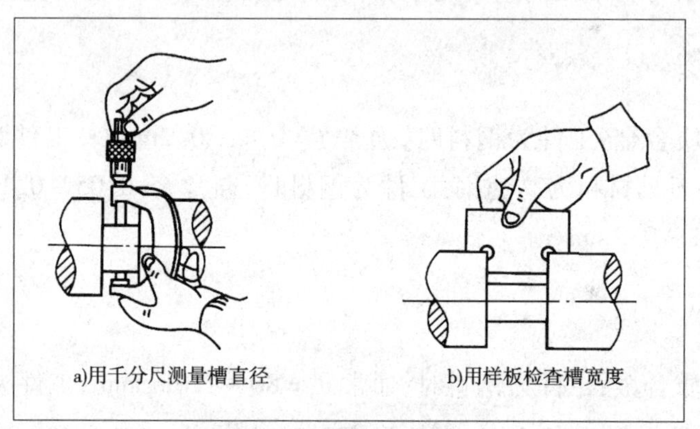

图 4-50　测量槽的直径

五、切断刀的安装与切断注意事项

(1)切断刀不宜伸出过长,同时切断刀的中心线必须装夹的与工件轴线垂直,以保证两副偏角的对称。

(2)切断实心工件时,切断刀必须装夹的与工件轴线等高,否则不能切到中心,而且容易崩刃甚至折断车刀。

(3)切断刀底平面如果不平,装夹时会引起两副后角不对称。

(4)切断毛坯表面的工件前,最好用外圆车刀把工件先车圆,或开始时尽量减小进给量,进刀要慢些,否则,较大的冲击力容易损坏车刀。

(5)用手动进给切断时,应注意进给的均匀性,并且不得中途停止进给,否则车刀与已加工面产生不断摩擦,造成迅速磨损。如果加工中必须停止进给或停车,则应先将车刀退出。

(6)用卡盘装夹工件切断时,切断位置应尽可能靠近卡盘,否则容易引起振动,或使工件抬起压断切断刀。

(7)切断一夹一顶装夹的工件时,工件不应完全切断,应卸下工件后再敲断。

任务实施

加工图 4-51 所示图样。

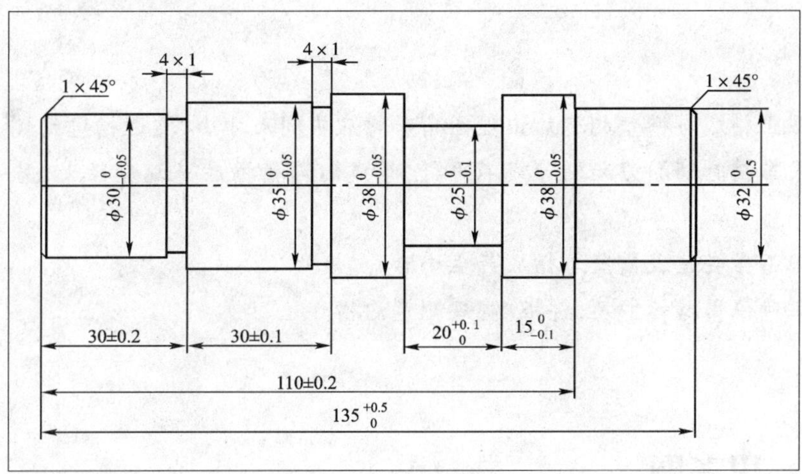

图 4-51 加工练习图

1 准备工作

毛坯：ϕ50mm×150mm。材料：HT150

工艺准备：90°粗车刀、90°精车刀、45°车刀、0.02mm/(0～150)mm 的游标卡尺、切槽刀。

设备：CA6140 型车床

2 切削用量的选择

(1)粗加工：

①转数 $n=350\sim450$r/min。

②背吃刀量 $a_p=2.5\sim3$mm。

③进给量 $f=0.2\sim0.35$mm。

(2)精加工：

①转数 $n=500\sim800$r/min。

②背吃刀量 $a_p=0.1\sim0.5$mm。

③进给量 $f=0.03\sim0.08$mm。

3 加工步骤

(1)装夹找正，平端面，两头各钻中心孔。

(2)采用一顶一夹粗车各台阶。

(3)夹住右侧台阶，且用一夹一顶的方法装夹，用多次直进法粗切 ϕ25mm 宽槽，各留加工余量 1mm。

(4)精车各台阶及 ϕ25mm 宽槽至图样要求。

(5)切 4×1 的槽并倒角。

(6)掉头将右侧加工至要求。

注意

1. 要防止槽底与槽壁相交处出现圆角和槽底中间尺寸小、靠近槽壁两侧直径大。

2. 如果车槽时切削刃和轴心线不平行,车成的沟槽槽底一端直径大,另一端直径小成竹节形。

3. 接刀不当会造成槽壁与槽底产生小台阶。

4. 要正确使用游标卡尺、样板、塞规测量沟槽。

思考题

1. 车刀装夹的要点及注意事项有哪些?
2. 在什么情况下使用一夹一顶法装夹工件? 其好处有哪些?
3. 试述外圆切削的方法与步骤?
4. 车高、低台阶的方法有什么不同?
5. 车圆锥的方法有哪些,各适用什么场合?
6. 简述转动小滑板车削圆锥的优缺点?
7. 根据图 4-52 的条件,用近似公式计算出圆锥半角 $\alpha/2$。

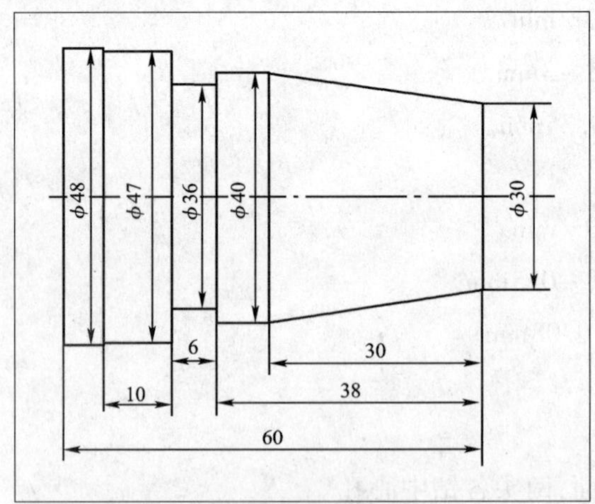

图 4-52 思考题 7 图

8. 在进行切断操作时有哪些注意事项?

9. 根据图样要求，加工图4-53，并写出加工工艺步骤。

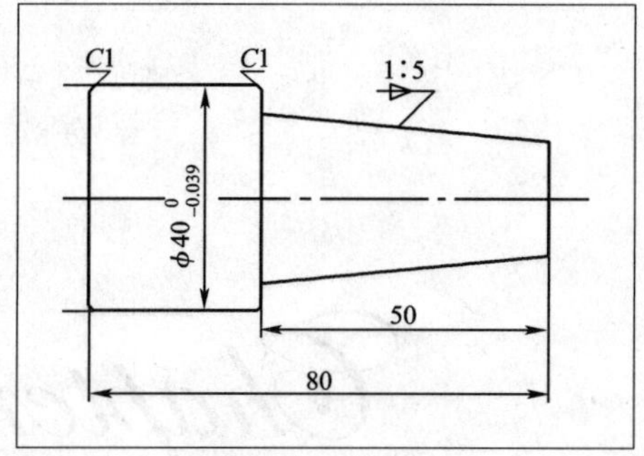

图4-53　思考题9图

项目五 车削套类零件

任务一 套类零件概述

1. 了解套类零件的基础知识。
2. 学习在车床上加工套类零件。

一、套类零件的功用及结构特点

套筒类零件是指在回转体零件中的空心薄壁件，是机械加工中常见的一种零件，在各类机器中应用很广，主要起支承或导向作用。由于功用不同，其形状结构和尺寸有很大的差异，常见的有支承回转轴的各种形式的轴承圈、轴套；夹具上的钻套和导向套；内燃机上的汽缸套和液压系统中的液压缸、液压阀的阀套等。其大致的结构形式如图 5-1 所示。

套筒类零件的结构与尺寸随其用途不同而异，但其结构一般都具有以下特点：

(1)外圆直径 d 一般小于其长度 L，通常 $L/d<5$；

(2)与外圆直径之差较小，故壁薄易变形；

(3)圆回转面的同轴度要求较高;

(4)结构较简单。

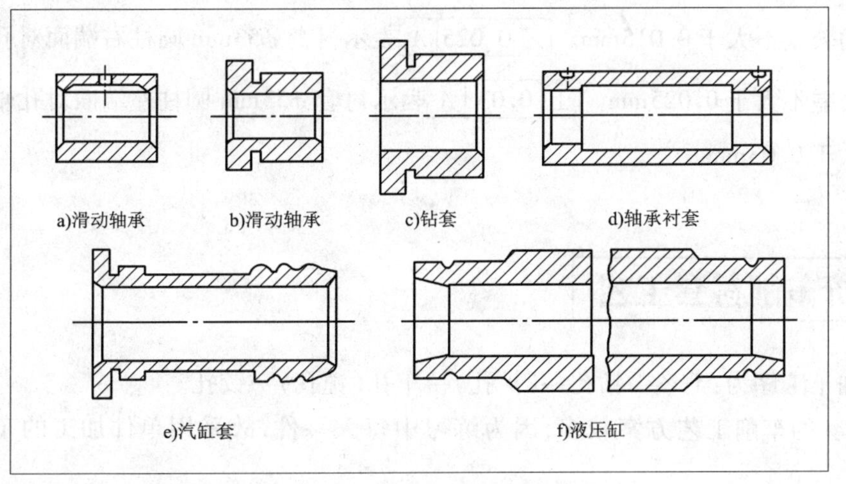

图 5-1　套筒类零件的结构形式

二、在车床上加工套类零件的方法

在车床上加工圆柱孔的方法有钻孔、扩孔、铰孔和镗孔。其中钻孔适用于粗加工,扩孔和镗孔通常用于半精加工,铰孔则用于精加工。

三、识读衬套零件图

衬套零件图如图 5-2 所示。

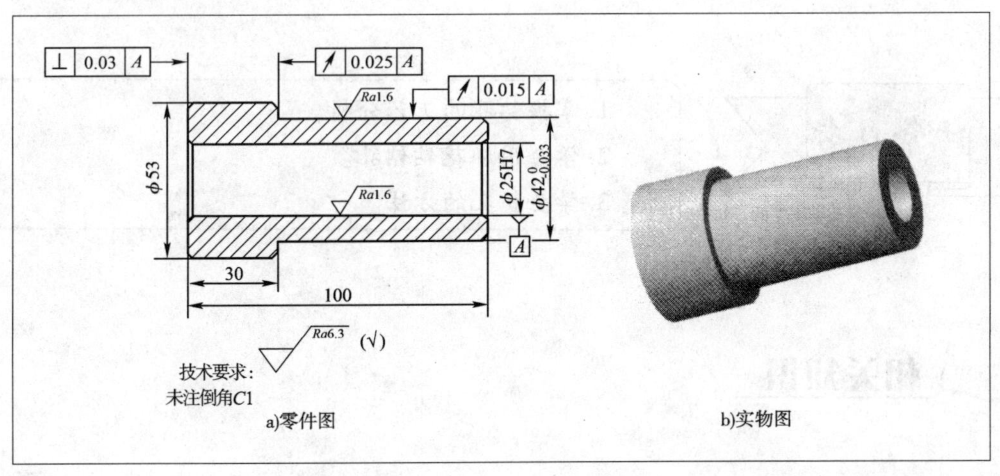

图 5-2　衬套

图 5-2 所示衬套的内圆柱面直径(简称孔径)为 ϕ25H7。查表得孔的极限偏差为 ϕ25H7 ($^{+0.021}_{0}$)。对于图样中未标注公差的尺寸,一般来说各行业均做了规定。如未规定,则建

议在 IT12 ~ IT14 中选取。

ϕ25H7 孔的轴线为基准 A，[↗ | 0.015 | A] 表示要求衬套的 $\phi 42_{-0.033}^{0}$ mm 外圆对孔轴线的径向圆跳动公差不大于 0.015mm。[↗ | 0.025 | A] 表示衬套 ϕ53mm 圆柱右端面对孔轴线的端面圆跳动公差不大于 0.025mm。[⊥ | 0.03 | A] 表示衬套 ϕ53mm 圆柱左端面对孔轴线的垂直度公差不大于 0.03mm。

四、分析车削衬套工艺

衬套加工工序为：毛坯→钻孔→（扩孔）→车孔（镗孔）→铰孔。

（1）衬套的车削工艺方案较多，因为练习中每人一件，故采用单件加工的车削工艺较合理。

（2）生产中，钻孔后可以不经过扩孔而直接车孔。这里在钻孔后进行扩孔，是为了练习多项孔加工的操作技能。

（3）为保证 ϕ25H7 孔的加工质量，内孔精加工以铰削最为合适。

（4）要保证工件的垂直度和端面圆跳动要求，需采取两项措施：ϕ25H7 孔要和 ϕ53mm 圆柱左端在一次装夹中车削；精车外圆以及车 ϕ53mm 圆柱右端面时，应以孔为定位基准套在胀力心轴上加工。

任务二　钻孔和扩孔

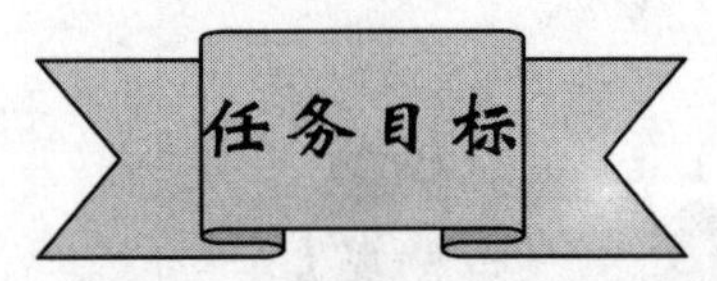

1. 掌握钻孔的工艺分析。
2. 学会用麻花钻钻孔。
3. 学会扩孔的方法。

一、概述

钻孔是利用钻头在实体材料上加工内孔的工艺方法。属于粗加工，精度可达 IT13 ~

IT11，Ra 为 50～12.5μm。钻削时，由于刀具刚性差，钻头容易引偏，排屑和散热都较差，生产率低。按钻头结构和用途的不同可分为麻花钻、中心钻、锪孔钻、深孔钻等，其中麻花钻使用最为广泛。

二、麻花钻

麻花钻根据材料不同，可分为高速钢麻花钻和镶硬质合金麻花钻。目前，为适应高速切削发展的需要，镶硬质合金的麻花钻应用越来越广泛。

1 麻花钻的装夹

❶ 直柄麻花钻的装夹

（1）用钻夹头钥匙逆时针旋转钻夹头外套，使钻夹头的三爪张开。

（2）将麻花钻柄部插入钻夹头的三爪之间，然后用钻夹头钥匙顺时针方向转动钻夹头外套，通过三爪夹紧麻花钻，如图 5-3 所示。

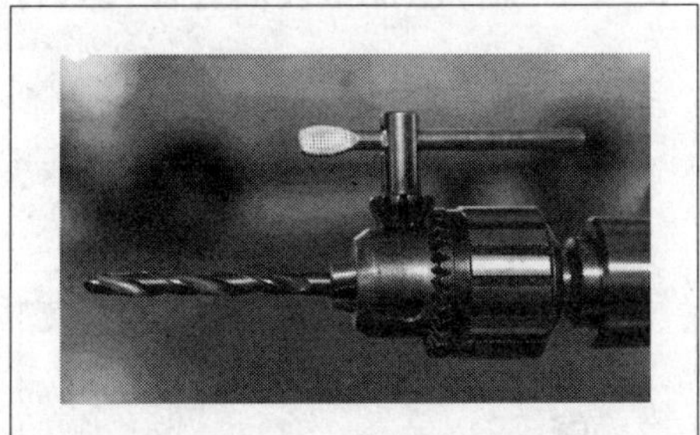

图 5-3　直柄麻花钻的装夹

❷ 锥柄麻花钻的装夹和拆卸

（1）麻花钻的锥柄如果和尾座套筒锥孔的规格相同，可直接将麻花钻插入尾座套筒锥孔中，如图 5-4a）、b）所示。

（2）如果麻花钻的锥柄和尾座套筒锥孔的规格不相同，可增加一个合适的莫氏过渡锥套，插入尾座锥孔中，如图 5-4c）所示。

（3）拆卸莫氏过渡锥套中的麻花钻时，将楔铁插入腰形孔，敲击楔铁就可把钻头卸下，如图 5-5 所示。

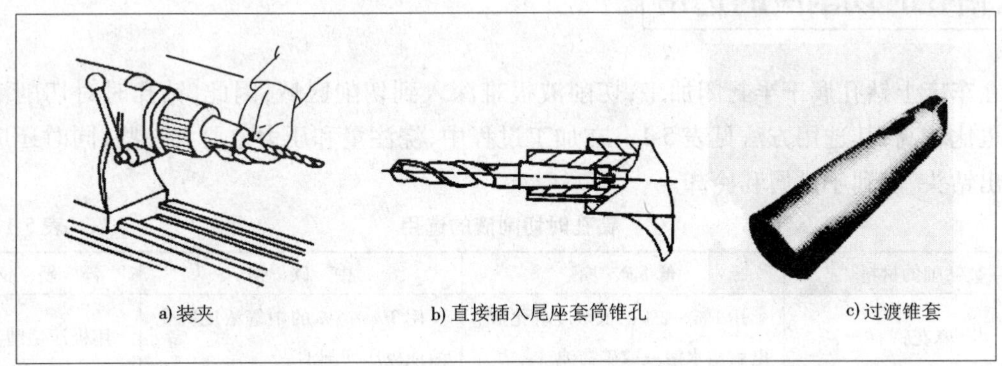

a）装夹　b）直接插入尾座套筒锥孔　c）过渡锥套

图 5-4　麻花钻的装夹

2 麻花钻的钻削要素

（1）切削速度 v_c：

$$v_c = \frac{\pi dn}{1000 \times 60} \text{m/s}$$

式中：d——工件直径，mm；

n——刀具转速，r/min。

用高速钢麻花钻钻钢料时（图 5-6），切削速度一般取 $v_c = 15 \sim 30\text{m/s}$；钻铸铁时，$v_c = 10 \sim 25\text{m/s}$；钻铝合金时，$v_c = 75 \sim 90\text{m/s}$。

（2）进给量 f。在车床上钻孔时，进给量是通过用手转动车床尾座来实现的。用小直径麻花钻钻孔时，进给量太大会折断麻花钻，一般选 $f = (0.01 \sim 0.02)d$。用直径为 12～15mm 的麻花钻钻钢料时，选进给量 $f = 0.15 \sim 0.35\text{mm/r}$；钻铸铁时，进给量可略大些。

（3）背吃刀量 α_p。钻孔时，α_p 可用下式计算：

$$\alpha_p = \frac{d_m}{2}$$

式中：d_m——工件已加工表面直径，即钻孔直径。

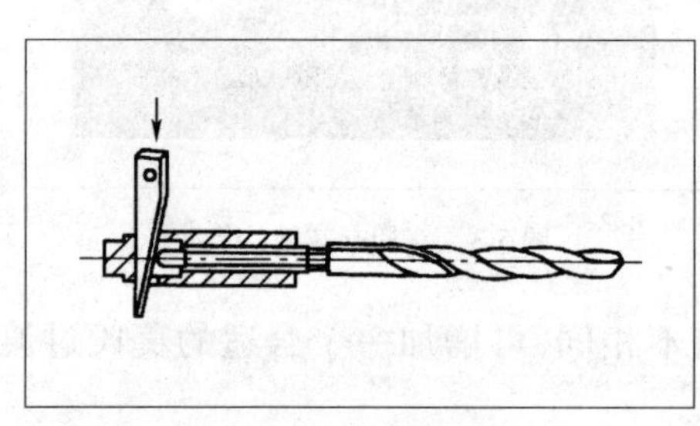

图 5-5　麻花钻的拆卸

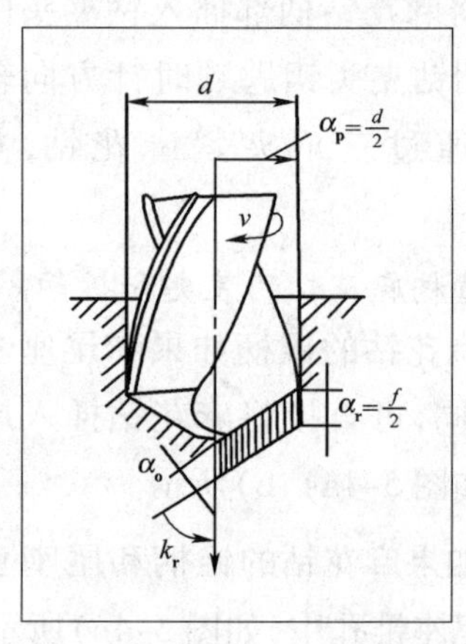

图 5-6　麻花钻的钻削要素

三、钻孔时切削液的选用

在车床上钻孔属于半封闭加工，切削液很难深入到切削区域，因此，钻孔时对切削液的要求也比较高，其选用方法见表 5-1。在加工过程中，浇注量和压力也要大一些；同时还应经常退出钻头，以利于排屑和冷却。

钻孔时切削液的选用　　表 5-1

被钻削的材料	低　碳　钢	中　碳　钢	淬　硬　钢
麻花钻	用 1%～2% 的低浓度乳化液、电解质水溶液或矿物油	用 3%～5% 的中等浓度乳化液或极压切削油	用极压切削油

四、钻孔的方法

（1）钻孔前，先将工件平面车平，中心处不允许留有凸台；找正尾座，使钻头中心对准工件回转中心。

(2)用小直径麻花钻钻孔时,一般先用中心钻定心,再用钻头钻孔,这样操作同轴度就较好。

(3)用细长麻花钻钻孔时,为防止钻头晃动,可以在刀架上夹一挡铁,以支持钻头头部,帮助钻头定心。

(4)需要铰孔的工件,由于所留铰削余量较少,因此钻孔时当钻头钻进工件 1 ~ 2mm 后,应将钻头退出,停车检查孔径,防止因孔径扩大没有铰削余量而报废。

(5)钻盲孔与钻通孔方法基本相同,只是钻孔时需要控制孔的深度。

五、车床钻孔注意事项

(1)起钻时进给量要小,待钻头头部进入工件后才可正常钻削。

(2)钻钢件时,应加注切削液,以防钻头发热退火。

(3)钻小孔或钻较深孔时,由于切屑不易排出,必须经常退出钻头排屑,否则容易因切屑堵塞而使钻头"咬死"或折断。

(4)钻小孔时,转速应选得快一些,否则钻削时抵抗力大,容易产生孔位偏斜和钻头折断。

六、扩孔

扩孔是用扩孔钻在已钻出、铸出、锻出或冲出的孔进行加工的方法。常用的扩孔刀具有麻花钻和扩孔钻等。一般精度要求不高的工件扩孔可用麻花钻,精度要求高的孔的半精加工可用扩孔钻。

1 用麻花钻扩孔

用麻花钻扩孔时,由于横刃不参加工作,轴向切削小,进给省力;但因钻头外缘处的前角较大,容易将钻头拉出,使钻头在尾座套筒内打滑。因此,扩孔时应将钻头的外缘处的前角修磨小些,并适当降低进给量。

2 用扩孔钻钻孔

(1)扩孔钻的种类:按切削部分材料分,有高速钢扩孔钻和硬质合金扩孔钻两种;按柄部结构分,扩孔钻有直柄和锥柄之分。

(2)扩孔钻的特点:

①扩孔钻通常有 3 ~ 4 个切削刃,导向性好,切削平稳。

②切削刃不必自外缘一直到中心,扩孔钻没有横刃,因而可以避免横刃对切削的不利影响。

③扩孔时的背吃刀量较小，切屑少，钻心粗，因而扩孔钻的刚性好，可选用较大的切削用量。

任务实施

钻孔练习。

一、识读衬套零件图

衬套的钻孔工序图如图 5-7 所示，图中 $\phi55$mm 外圆和左端面均标注符号“$\checkmark$”，表示 $\phi55$mm 外圆和左端面都是不加工表面，但要保证 $\phi55$mm 外圆的长度不小于 33mm。$\phi18$ mm 内孔的尺寸和表面质量要求较低，尺寸为一般公差，表面粗糙度 Ra 值为 12.5μm，衬套其他表面的表面粗糙度 Ra 值均为 3.2μm。

二、工艺分析

把毛坯加工成如图 5-7 所示的形状和尺寸。

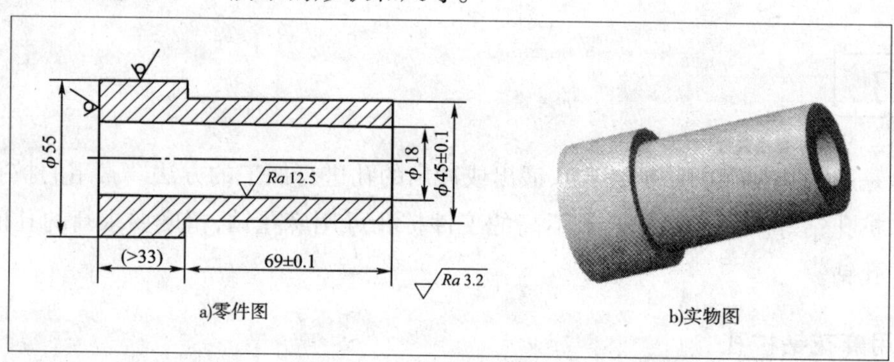

图 5-7　衬套钻孔图

(1) $\phi18$mm 孔尽可能一次钻出，因为这个孔不是很大，可采用 $\phi18$mm 的麻花钻直接钻出。

(2) 首先应根据钻孔的要求选已刃磨好的麻花钻、检验，然后选择适当的切削用量进行钻孔。

(3) 为防止钻孔时工件走动，可采取车外圆→钻孔→车外圆的工序进行。

三、准备工作

1 工件毛坯

检查毛坯尺寸：$\phi55$mm × 103mm。材料：45 钢。数量：1 件/人。

2 工艺装备的准备

三爪自定心卡盘、划线盘、钻夹头、B2mm/6.3mm 中心钻、90°粗车刀、45°车刀、ϕ18mm 麻花钻、莫氏过渡锥套、0.02mm/(0～150)mm 的游标卡尺以及 10%～15% 的乳化液。

3 设备准备

CA6140 型车床。

四、操作步骤

操作步骤描述：找正→车端面→粗车外圆→固定尾座位置→钻定心中心孔→装夹 ϕ18mm 麻花钻→钻 ϕ18 mm 通孔→精车外圆，具体操作内容见表 5-2。

衬套钻孔操作步骤　　表 5-2

操作步骤	操作内容	具体操作	工艺装备	选取的切削用量
1	找正	毛坯伸出卡爪约 75mm，利用划针找正并夹紧，如图 5-8 所示	三爪自定心卡盘，划线盘	
2	车端面	手动车端面，车平即可，表面粗糙度达要求	45°车刀	轴转速：560r/min
3	粗车外圆	先粗车外圆（要求最终车至 ϕ45mm × 69mm）至 ϕ49mm ×69mm	90°粗车刀	进给量：0.3mm/r 主轴转速：500r/min 背吃刀量：2mm
4	固定尾座位置	移动尾座，在中心钻离工件端面 5～10mm 处锁紧尾座		
5	钻定心中心孔	在工件端面上钻出中心孔，在麻花钻起钻时起定心作用	B2mm/6.3mm 中心钻	主轴转速：1120r/min 手动进给量：0.5mm/r
6	装夹 ϕ18mm 麻花钻	将过渡锥套插入尾座锥孔中，装夹 ϕ18mm 麻花钻	"内 2 外 5"莫氏过渡锥套	
7	钻 ϕ18mm 通孔	起动车床。双手摇动尾座手轮均匀进给，钻通孔 ϕ18mm，同时浇注充分的切削液，如图 5-9 所示	ϕ18mm 的麻花钻，10%～15% 的乳化液	主轴转速：取 320r/min，手动进给量：0.5mm/r
8	精车外圆	粗车外圆至尺寸（ϕ45mm × 69mm）	90°精车刀	进给量：0.3mm/r 主轴转速：500r/min 背吃刀量：2mm

提示：钻孔时的注意事项

1. 将麻花钻装入尾座套筒中，找正麻花钻轴线（图 5-8），使之与工件旋转轴线相重合，否则可能会使孔径钻大，将孔钻偏甚至折断麻花钻。

2. 钻孔前，中心处不允许留凸头，否则麻花钻不能定心，甚至会使麻花钻折断。可在刀架上夹一挡铁，支顶钻头头部，帮助钻头定心，如图 5-9 所示。

3. 起钻时进给量要小，待麻花钻切削部分全部进入工件后才可正常钻削。

4. 钻孔时，如果麻花钻刃磨正确，切屑会从两螺旋槽均匀排出。如果两主切削刃不对称，切屑从主切削刃高的那边螺旋槽向外排出。根据这种现象，应卸下钻头，将较高的一边主切削刃磨低一些，以免影响钻孔质量。

5. 必须浇注充分的切削液，以防麻花钻过热而退火，如图 5-10 所示。

6. 必须经常退出麻花钻清除切屑，防止因切屑堵塞而造成麻花钻被"咬死"或折断。

7. 工件即将钻穿时，进给量要小，以防麻花钻被"咬住"。

8. 内孔应防止被钻成喇叭口和出现刀痕。

图 5-8　找正并夹紧毛坯

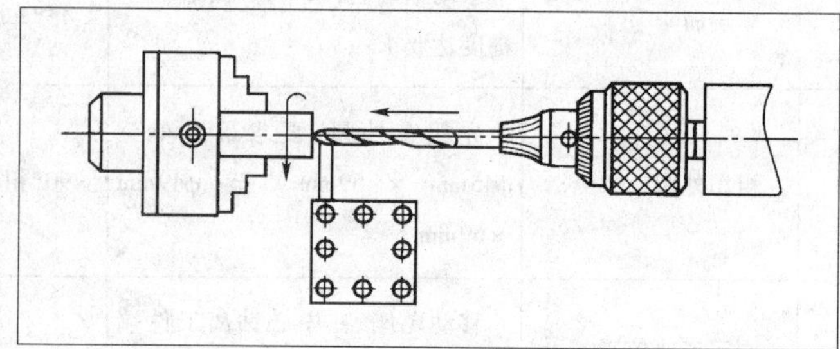

图 5-9　用挡铁支顶麻花钻钻头

图 5-10　钻孔时浇注切削液

五、钻孔质量分析

每位学员完成工件后，卸下工件，仔细测量各部分的尺寸，看是否符合图样要求。针对出现的质量问题和废品种类，结合表5-3，分析出原因，找出改进措施。

钻孔质量分析　　表5-3

废品种类	产生的原因	预防措施
孔歪斜	（1）工件端面不平，或与轴线不垂直 （2）尾座偏移 （3）麻花钻刚度低，初钻时进给量过大 （4）麻花钻顶角不对称	（1）钻孔前车平端面，中心不能有凸台 （2）调整尾座轴线，使之与主轴轴线同轴 （3）选用较短的麻花钻或中心钻先钻导向孔。初钻时进给量要小，钻削时应经常退出麻花钻，清除切屑后再钻 （4）正确刃磨麻花钻
孔直径扩大	（1）麻花钻直径选错 （2）麻花钻主切削刃不对称 （3）麻花钻未对准工件中心	（1）看清图样，仔细检查麻花钻直径 （2）仔细刃磨，使两主切削刃对称 （3）检查麻花钻是否弯曲，钻夹头、钻套是否装夹正确

任务实施

用麻花钻扩孔。

一、识读衬套护孔工序图

图5-11所示为衬套的扩孔工序图，图中，($\phi45$)表示该圆柱表面不需要加工。

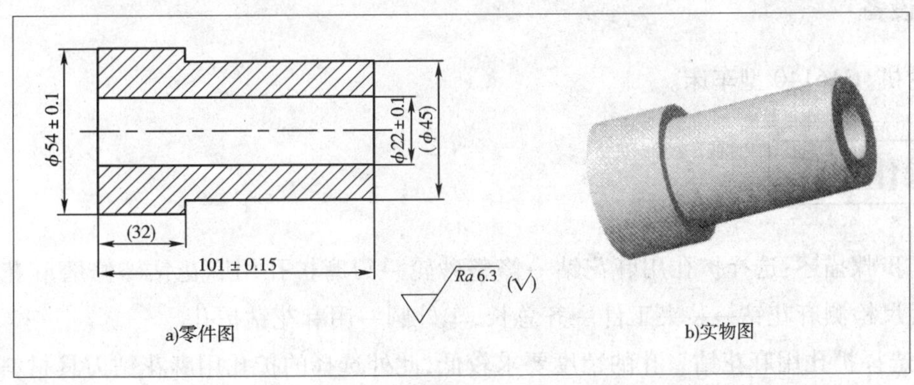

图5-11　衬套的扩孔工序图

图样中的 $\sqrt{Ra\ 6.3}$ (√) 是指衬套扩孔工序的全部表面有相同的表面粗糙度要求，即表面粗糙度值为6.3μm。其他的形状和尺寸按图样加工。

二、工艺分析

把按图5-7钻孔后的半成品加工成图5-11所示的形状和尺寸。

(1)扩孔精度一般可达IT10～IT11，表面粗糙度 *Ra* 值可达6.3～12.5μm，可作为孔的半精加工工序。

(2)在实体材料上钻孔，孔径不大时可以用钻头一次钻出，若孔径较大(超过30mm)，则应进行钻孔、扩孔。

(3)初学者可以用衬套进行扩孔的技能训练。生产中钻孔后也可以不经过扩孔而直接车孔。

(4)应根据钻孔的要求对麻花钻进行刃磨、检测，然后选择适当的切削用量进行扩孔。

三、准备工作

1 工件准备

按图5-7所示检查经过钻孔的半成品，看其尺寸是否留有加工余量，几何精度是否达到要求。

2 工艺装备

粒度号为46#～60#的白色氧化铝砂轮、油石、万能角度尺、ϕ22mm的高速钢麻花钻、三爪自定心卡盘、90°粗车刀、45°车刀、莫氏过渡锥套、0.02mm/(0～150)mm的游标卡尺以及10%～15%的乳化液。

3 设备

砂轮机、CA6140型车床。

四、操作步骤

操作步骤描述：选择扩孔用麻花钻→修整砂轮→刃磨扩孔用麻花钻→修磨麻花钻→用万能角度尺检测麻花钻→装夹工件→齐总长，车外圆→用麻花钻扩孔。

(1)选择扩孔用麻花钻。孔的精度要求较低，此处选择的扩孔用麻花钻刀具材料和几何参数如下：

①刀具材料:高速钢。

②几何参数:规格为 ϕ22mm。

(2)修整砂轮。

(3)刃磨扩孔用麻花钻。

(4)修磨麻花钻。

①修磨外缘处的前面。因麻花钻外缘处的前角大,扩孔时容易把麻花钻拉出来,使其柄部在尾座套筒内打滑,因此,在扩孔时应把钻头外缘处的前角修磨得小些,如图 5-12 所示。

②修磨出双重顶角。钻头外缘处的切削速度最高,磨损最快,因此,可磨出双重顶角,如图 5-13 所示,这样可以改善外缘转角处的散热条件,增加钻头强度,并可减小孔的表面粗糙度值。

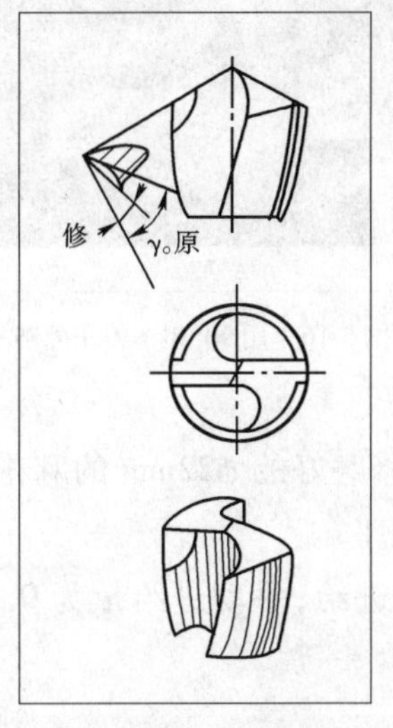

图 5-12　修磨外缘处的前面

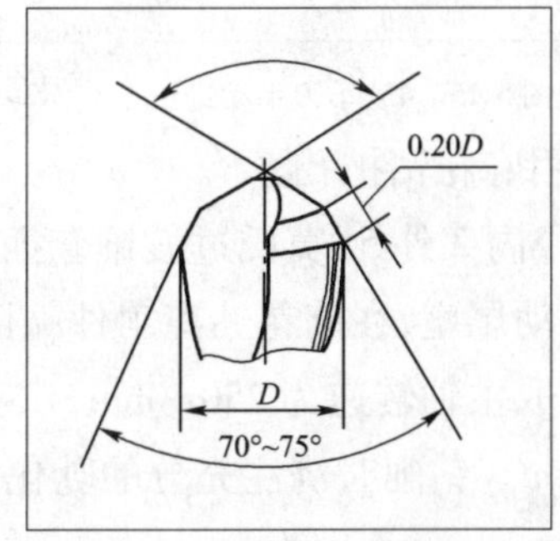

图 5-13　修磨出双重顶角

③用油石研磨主切削刃。

(5)用万能角度尺检测麻花钻。

(6)装夹工件。用三爪自定心卡盘夹持 ϕ45mm 外圆,找正并夹紧,如图5-14所示。

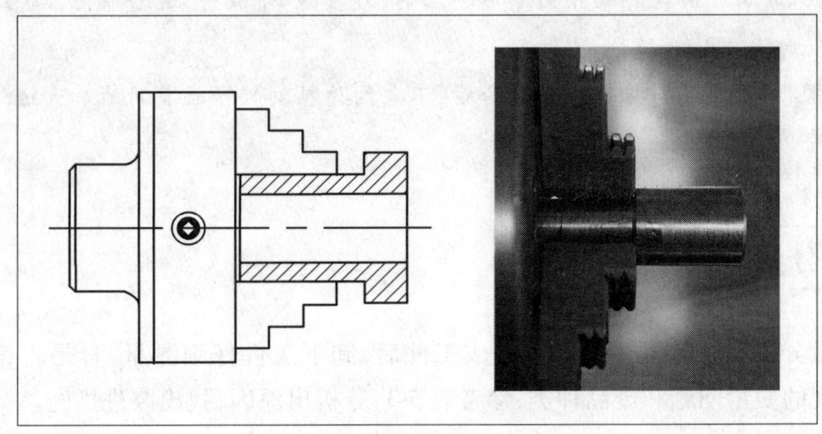

图 5-14　装夹工件

(7)齐总长,车外圆。

①装夹 45°车刀。

②用 45°车刀手动进给车端面，定总长为 101mm，如图 5-15 所示。选取主轴转速为 710r/min，背吃刀量为 1mm。

③装夹 90°粗车刀。用 90°粗车刀车外圆 ϕ55mm 至 ϕ54 ± 0.1mm，如图 5-16 所示。选取主轴转速为 710r/min，进给量为 0.3mm/r，背吃刀量为 0.5mm。

图 5-15　45°车刀手动进给车端面

图 5-16　用 90°粗车刀车外圆

（8）用麻花钻扩孔。

①将“内 2 外 5”莫氏过渡锥套插入尾座锥孔中，装夹修磨好的 ϕ22mm 的麻花钻。

②移动尾座，在麻花钻离工件端面 5～10mm 处锁紧尾座。

③选取主轴转速为 250r/min，双手摇动尾座手轮均匀进给，手动进给量为 0.8mm/r，扩孔至 ϕ2mm。钻削时浇注充分的乳化液。

提示：扩孔时的注意事项

1. 同钻孔时的注意事项。

2. 扩孔时，由于麻花钻的横刃不参加切削，进给力 F_f 减小，进给省力，故可采用比麻花钻钻孔时大一倍的进给量。

3. 在扩孔时，应适当控制手动进给量，不要因为钻削轻松而盲目地加大进给量，尤其是孔将要被钻穿时。

五、质量分析

扩孔质量分析和钻孔基本相同。完成工件后，卸下工件仔细测量，看是否符合图样要求。针对出现的质量问题和废品种类，参考表 5-3，分析出原因，找出改进措施。

任务三　铰孔和车孔

任务目标

1. 掌握铰孔和车孔的技能。
2. 学会分析铰孔和车孔的质量。

相关知识

一、铰孔概述

铰孔是用铰刀对已粗加工或半精加工的孔进行精加工。铰孔之前，一般先经过钻孔、扩孔或镗孔，并留有一定的铰孔余量。

铰孔是孔的精加工方法之一，在生产中应用很广。对于较小的孔，相对于内圆磨削及精镗而言，铰孔是一种较为经济实用的加工方法。

二、铰刀

铰刀一般分为手用铰刀和机用铰刀两种，如图5-17所示。手用铰刀柄部为直柄，工作部分较长，导向作用较好。手用铰刀又分为整体式和外径可调整式两种。机用铰刀可分为带柄和套式的。铰刀不仅可加工圆形孔，也可用锥度铰刀加工锥孔。

铰刀由工作部分、颈部及柄部组成。工作部分又分为切削部分与校准（修光）部分，如图5-18所示。

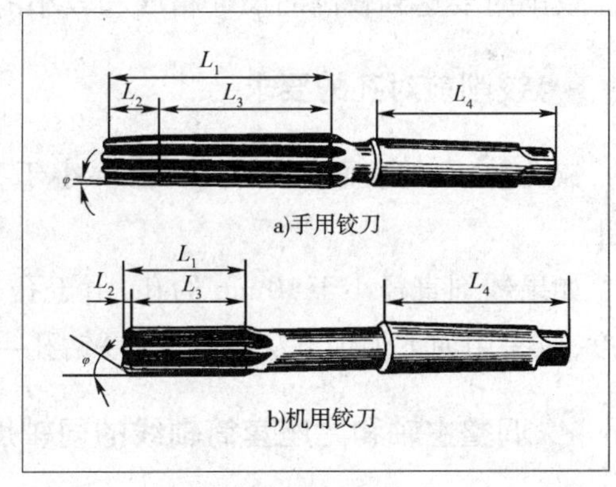

图5-17　铰刀

L_1-工作部分；L_2-切削部分；L_3-修光部分；L_4-柄部

三、铰孔的工艺特点及应用

铰孔余量对铰孔质量的影响很大，余量太大，铰刀的负荷大，切削刃很快被磨钝，不易获得光洁的加工表面，尺寸公差也不易保证；余量太小，不能去掉上工序留下的刀痕，自然也就没有改善孔加工质量的作用。一般粗铰余量取为0.35～0.15mm，精铰取为0.15～0.05mm。

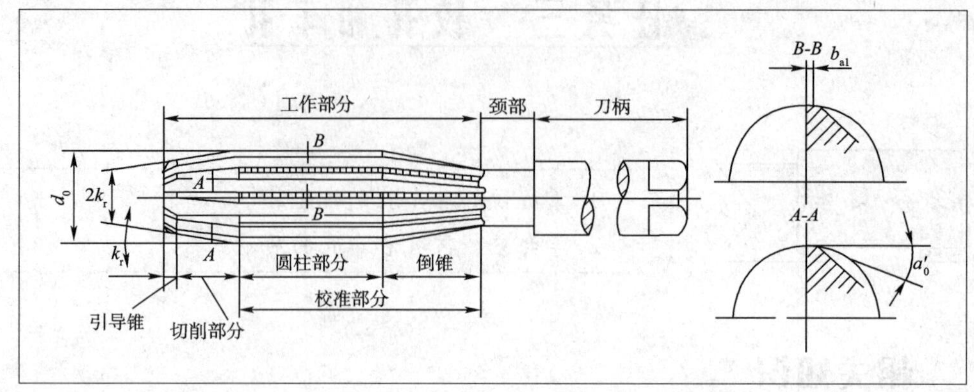

图5-18　铰刀的结构

铰孔通常采用较低的切削速度，以避免产生积屑瘤。进给量的取值与被加工孔径有关，孔径越大，进给量取值越大。

铰孔时必须用适当的切削液进行冷却、润滑和清洗，以防止产生积屑瘤并减少切屑在铰刀和孔壁上的黏附。与磨孔和镗孔相比，铰孔生产率高，容易保证孔的精度；但铰孔不能校正孔轴线的位置误差，孔的位置精度应由前工序保证。铰孔不宜加工阶梯孔和盲孔。

铰孔尺寸精度一般为IT9～IT7级，表面粗糙度 Ra 一般为3.2～0.8μm。对于中等尺寸、精度要求较高的孔（例如IT7级精度孔），钻→扩→铰工艺是生产中常用的典型加工方案。

四、铰削的注意事项

铰削时要达到较高的尺寸精度和较小的表面粗糙度值，必须注意以下事项：

1 铰削前对孔的要求

铰孔前，孔的表面粗糙度 Ra 值要小于3.2μm。孔的直线度误差一般要经过车孔才能修正。

如果铰削直径小于10mm的孔，由于孔径小，车孔非常困难，为了保证孔的直线度和同轴度，应采用如下加工方法：中心钻→钻孔→扩孔→铰孔。

2 调整主轴和尾座套筒轴线的同轴度

铰孔前，必须调整尾座套筒的轴线，使之与主轴轴线重合，同轴度误差最好控制在0.02mm之内。但是，对于一般精度的车床，要求主轴与尾座套筒轴线非常精确地在同一轴线上是比较困难的，因此铰孔时最好使用浮动套筒。

3 选择合适的铰削用量

铰削时背吃刀量是铰削余量的一半。

铰削时，切削速度越低，表面粗糙度值越小，一般切削速度最好小于5m/min。

铰削时,由于切屑少,而且铰刀上有修光部分,进给量可取大些。铰钢料时,选用进给量为0.2~1.0mm/r。

铰孔时切削液对孔径和孔表面粗糙度的影响见表5-4。

铰孔时切削液对孔径和孔表面粗糙度的影响 表5-4

切削液对孔的影响	水溶性切削液(如乳化液)	油溶性切削液	干 切 削
对孔径的影响	铰出的孔径比铰刀的实际直径稍微小一些	铰出的孔径比铰刀的实际直径稍微大一些	铰出的孔径比铰刀的实际直径大一些
对孔的表面粗糙度 *Ra* 值的影响	孔表面粗糙度 *Ra* 值较小	孔表面粗糙 *Ra* 值次之	孔表面粗糙度 *Ra* 值最大

五、车床镗孔概述

镗孔是在工件已有的孔上进行扩大孔径的加工方法。

镗孔和钻→扩→铰的工艺相比,孔径尺寸不受刀具尺寸的限制,且镗孔具有较强的误差修正能力,可通过多次进给来修正原孔轴线偏斜误差,而且能使所镗孔与定位表面保持较高的位置精度。

镗孔的加工精度为IT9~IT7级,表面粗糙度 *Ra* 为0.5~3.2μm。镗孔可以在镗床、车床、铣床等机床上进行,具有机动灵活的优点。本节主要讲述在车床上镗孔。

车床镗孔既可作为孔的粗加工,也可以作为精加工。精度可达到IT7~IT8,表面粗糙度 *Ra* 可达到1.6~3.2μm,精细车削可达到更小(*Ra* 可达到0.8μm)。车孔还可以修正孔的直线度误差。

六、内孔车刀

根据不同的加工情况,内孔车刀可分为通孔车刀和盲孔车刀两种,见表5-5。

车孔的关键技术是解决内孔车刀的刚度和排屑问题。增强内孔车刀刚度的措施和控制切屑的方法见表5-5。

车孔及车孔刀 表5-5

车 通 孔	车 盲 孔

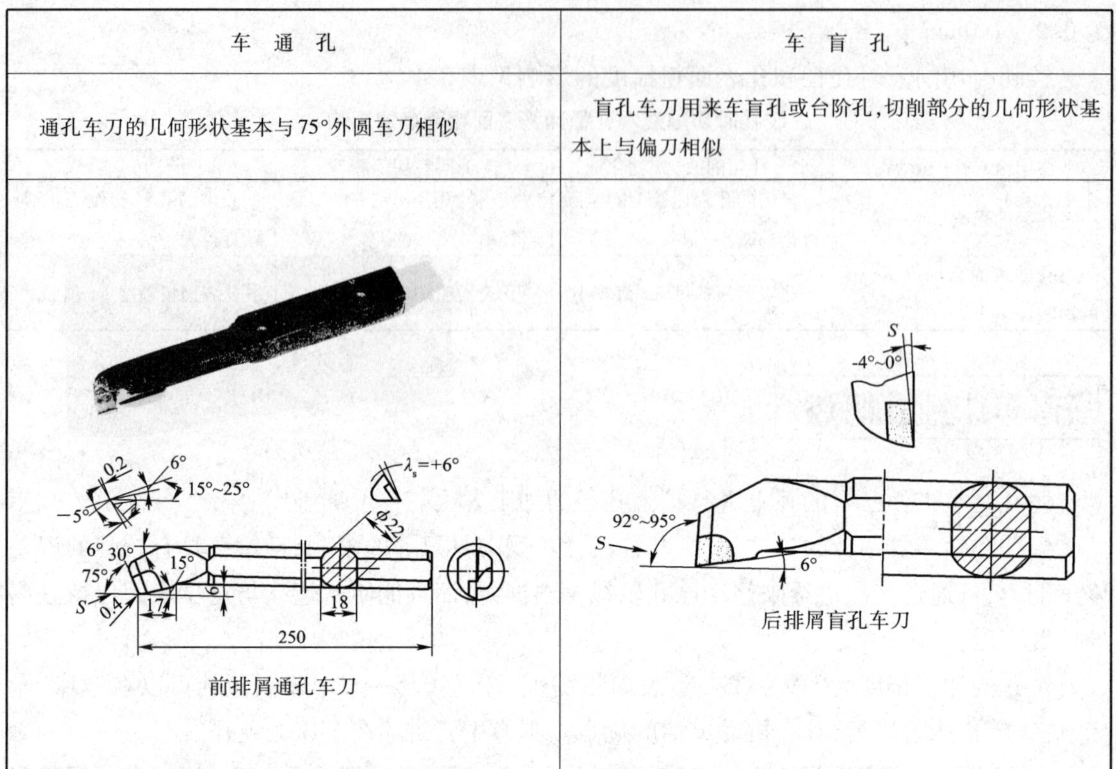

车 通 孔	车 盲 孔
通孔车刀的几何形状基本与75°外圆车刀相似	盲孔车刀用来车盲孔或台阶孔,切削部分的几何形状基本上与偏刀相似
前排屑通孔车刀	后排屑盲孔车刀

任务实施

车床镗孔练习。

一、识读衬套车孔工序图

图 5-19 所示为衬套的车孔工序图。图中(ϕ45)表示该圆柱表面不需要加工,(32)和(101)表示该工序的端面不用加工,长度尺寸不变。

图样中的 $\sqrt{Ra\ 6.3}\ (\surd)$ 是指衬套车孔工序的全部表面有相同的表面粗糙度要求,即表面粗糙度 R_a 为 6.3μm。其他的形状和尺寸按图样加工。

二、工艺分析

通过车孔把按图 5-10 扩孔后的半成品,加工成图 5-19 所示的形状和尺寸。

(1)为防止车孔时工件移动,可利用 ϕ45mm × 69mm 的外圆部分作为限位台阶。

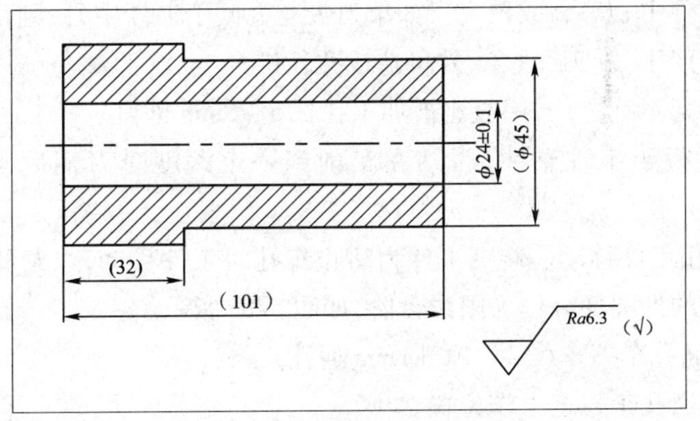

图 5-19　衬套的车孔工序图

(2)本工序为粗车孔。由于铰孔前还需要通过精车孔来修正孔的直线度,故要留出精车孔的余量。

三、准备工作

1 工件准备

检查经过扩孔的半成品，看其尺寸是否留出了车孔余量，几何精度是否达到要求。

2 工艺装备

前排屑通孔车刀、45°车刀、三爪自定心卡盘、0.02 mm/(0～150)mm 的游标卡尺。

3 设备

砂轮机、CA6140 型车床。

四、操作步骤

操作步骤描述:修整砂轮→刃磨前排屑通孔车刀→装夹前排屑通孔车刀→装夹工件→用前排屑通孔车刀车 ϕ24mm 通孔。

(1)修整砂轮。

(2)刃磨前排屑通孔车刀。与 90°车刀的刃磨方法基本相同,其刃磨顺序为:粗磨前面→粗磨主后面→粗磨副后面→粗、精磨前角并控制刃倾角→精磨主后面→精磨副后面→修磨刀尖圆弧。

(3)装夹前排屑通孔车刀。

①与 90°车刀的装夹要求相同。

②刀尖应与工件中心等高或稍高。如果刀尖装夹低于工件中心，则由于切削力的作用，容易将刀柄压低而产生“扎刀”现象，并可造成孔径扩大。

③刀柄伸出刀架不宜过长，一般比被加工孔长5～6mm即可。

④刀柄基本平行于工件轴线，否则在车削到一定深度时刀柄后半部容易碰到工件孔口。

(4)装夹时防止工件移动。装夹工件为防止车孔时工件移动，以及便于多次装夹，可利用 ϕ45mm×69mm 的外圆部分作为限位台阶，如图5-20所示。

(5)用前排屑通孔车刀车(ϕ24±0.1)mm通孔

①扳转前排屑通孔车刀至工作位置。

②选取车孔时的切削用量：背吃刀量 $a_p=1$mm（是车孔余量的一半），进给量 $f=0.2$mm/r，转速 $n=560$r/min。

③起动车床。

④试车削 ϕ24±0.1mm 的孔，并用游标卡尺测量。

⑤车削开始时即加注充分的切削液，机动进给车 ϕ24±0.1mm 的通孔。

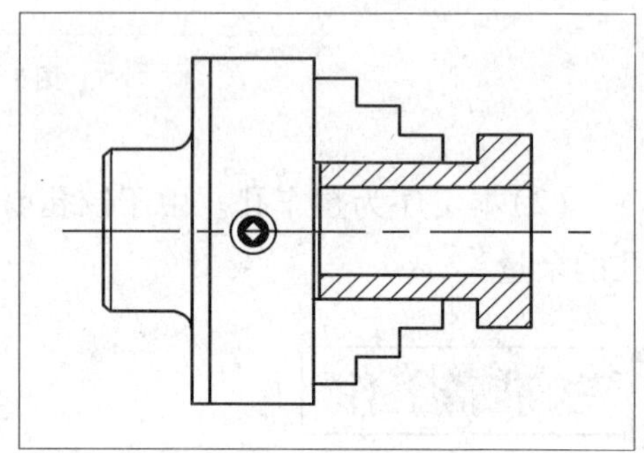

图5-20　装夹衬套

提示：车孔时的注意事项

1. 内孔车刀的刀柄细长，刚度低，车孔时冷却、排屑、测量、观察都比较困难，故要重视并掌握车孔的关键技术。

2. 内孔车刀的装夹正确与否，直接影响到车削情况及孔的精度。将内孔车刀装夹好后，在车孔前先在孔内试走一遍，检查有无擦碰现象，以确保安全。

3. 车孔时的切削用量应选得比车外圆时小。车孔时的背吃刀量 α_p 是内孔余量的一半，进给量 f 比车外圆时小20%～40%，切削速度 v_c 比车外圆时低10%～20%。

4. 车孔时中滑板进、退方向与车外圆时相反。

5. 精车内孔时应保持切削刃锋利，不然会产生“让刀”现象，把孔车成锥形。

6. 车内孔时应防止将内孔车成喇叭口和出现刀痕。

五、车孔的质量分析

完成车孔练习后，卸下工件仔细测量，看是否符合图样要求。针对出现的质量问题和废品种类，参考表5-6，分析出原因，找出改进措施。

车孔时产生废品的原因及预防方法　　表 5-6

废品种类	产生的原因	预防方法
尺寸不对	(1)测量不正确 (2)车刀装夹不对,刀柄与孔壁相碰 (3)产生积屑瘤,刀尖长度增加,使孔车大 (4)工件的热胀冷缩	(1)仔细测量。用游标卡尺测量时,要调整好卡尺的松紧度,控制好位置,并进行试车 (2)在未起动车床前,先让车刀在孔内走一遍,检查是否相碰,确定合理的刀柄直径 (3)研磨前面,使用切削液,增大前角,选择合理的切削速度 (4)使工件冷却后再精车,车孔时注意加注切削液
内孔有锥度	(1)刀具磨损 (2)刀柄刚度低,产生"让刀"现象 (3)刀柄与孔壁相碰 (4)主轴轴线歪斜 (5)床身不水平,使床身导轨与主轴轴线不平行 (6)床身导轨磨损。由于磨损不均匀,使进给轨迹与工件轴线不平行	(1)延长刀具使用寿命,采用耐磨的硬质合金车刀 (2)尽量采用大截面尺寸的刀柄,减小切削用量 (3)正确装夹车刀 (4)检查车床精度,校正主轴轴线与床身导轨的平行度 (5)校正车床水平 (6)大修车床
内孔不圆	(1)孔壁薄,装夹时产生变形 (2)轴承间隙太大,主轴颈成椭圆状 (3)工件加工余量和材料组织不均匀	(1)选择合理的装夹方法 (2)大修车床,并检查主轴的圆柱度误差 (3)增加半精车工序,把不均匀的加工余量车去,使精车余量尽量小和均匀。对工件毛坯进行回火处理
内孔不光	(1)车刀磨损 (2)车刀刃磨不良,表面粗糙度值大 (3)车刀几何角度不合理,装刀时刀尖低于工件中心 (4)切削用量选择不当 (5)刀柄细长,产生振动	(1)重新刃磨车刀 (2)保证切削刃锋利,研磨车刀前、后面 (3)合理选择刀具角度,精车装刀时可使刀尖略高于工件中心 (4)适当降低切削速度,减小进给量 (5)加粗刀柄和降低切削速度

任务四　车内沟槽

1. 掌握车内沟槽车刀的选择。
2. 了解车内沟槽的方法。

一、切槽

在工件表面上车沟槽的方法称为切槽，槽的形状有外槽、内槽和端面槽，如图 5-21 所示。

1 切槽刀的选择

车内沟槽时排屑更加困难，刀具刚性比内孔车刀还差，在切削时更容易产生振动，因此内槽车刀分为整体式和刀杆装夹式。

(1)内槽车刀的种类。内槽车刀有整体式和刀杆装夹式两种：整体式用于加工孔径较小的工件；装夹式用于加工孔径较小的工件。同时应保证切削部分伸出长度尺寸和刀柄直径尺寸相加必须小于内孔直径，而且刀头伸出长度应大于槽深 1 ~ 2mm，如图 5-22 所示。

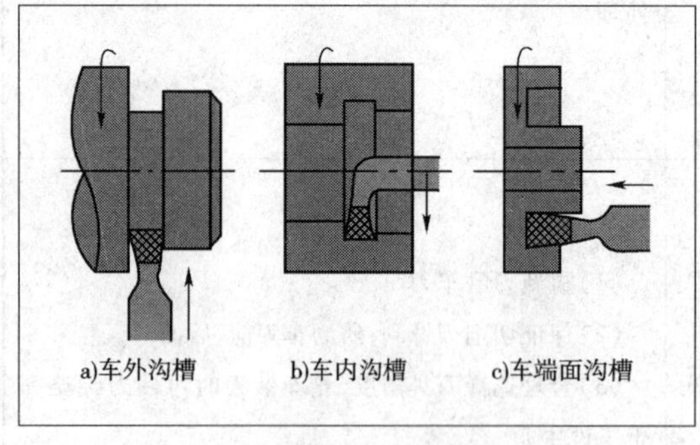

图 5-21　车槽方法

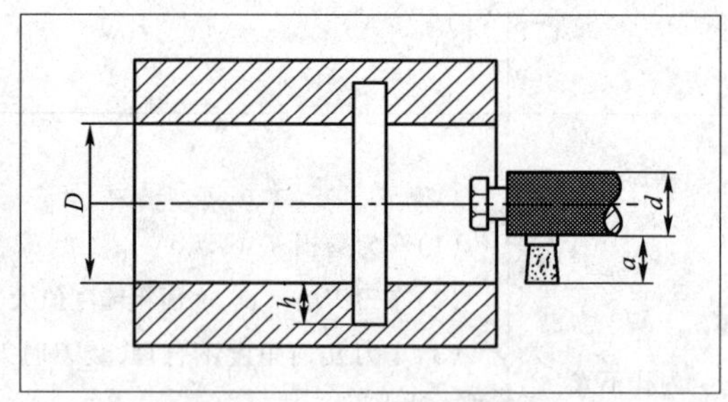

图 5-22　刀杆装夹式车刀

在采用刀杆装夹式的内槽车刀时，刀头伸出长度 a 应大于槽深 h，图 5-22 同时应保证：

$$d + a < D$$

式中：D——内孔直径；

d——刀柄直径；

a——刀头的刀柄上伸出的长度。

(2)装夹内槽车刀时，应使主切削刃与内孔素线平行，否则会使槽底歪斜，并使主切削刃与内孔轴线等高或略高，两侧副偏角必须对称。车削前，摇动床鞍手轮使沟槽车刀在内孔中前后移动，观察刀杆与孔壁是否相碰。

2 车削内槽的方法

车削内槽与车削外槽方法大致相同，精车时用试切法控制孔径尺寸。

❶ 车内沟槽的方法

(1)确定车削内沟槽的起始位置，在工件端面及内孔壁上试切，记下床鞍刻度盘数值，并将中滑板及小滑板刻度值调至零位。

(2)确定车削内沟槽的终止位置，根据槽深计算中滑板进给数值，并在相应的刻度值上用粉笔做下记号。

(3)确定退刀位置，退刀时主切削刃离开孔壁距离为0.2~0.3mm，在刻度盘上做下记号。

(4)移动床鞍，尝试沟槽轴向位置尺寸 L 加上沟槽车刀的主切削刃宽度 b，如图5-23所示。

(5)起动主轴，进给中滑板，当主切削刃与工件孔壁开始接触后，进给量为0.1~0.2mm/r，车削到槽深尺寸时，车刀应做停留，将槽底修整光洁。

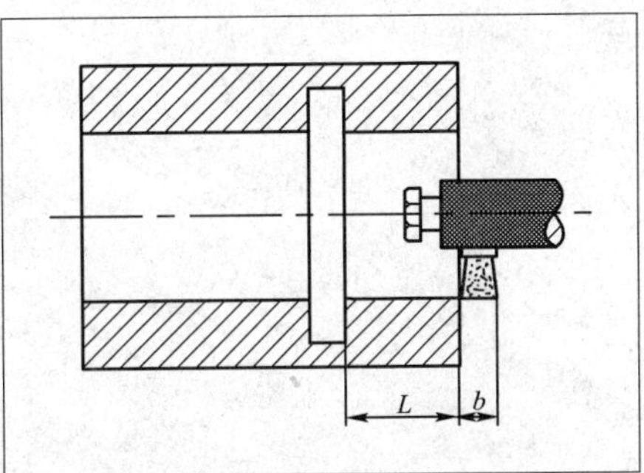

图5-23 内沟槽轴向定位尺寸的计算

(6)沟槽车削好后，应按原定的中滑板退刀刻度值进行退刀，以免车坏沟槽或碰伤孔壁。

(7)检查沟槽尺寸。

❷ 各种形状的内沟槽的车削方法

(1) 对于宽度较小或要求不高的窄沟槽，用刀宽等于槽宽的内沟槽刀一次车出。

(2)精度要求较高的内沟槽，先切窄槽，槽壁与槽底均留少些余量，再用刀宽等于槽宽的内沟槽刀进行车削修整。

(3)较宽的沟槽，可用窄槽刀分几次切出，槽壁与槽底均留少些余量，最后进行精车削。

(4)很宽的沟槽可用尖头车槽刀先车出凹槽，再用内沟槽刀将沟槽两端进行精车削。

(5)车削梯形密封槽时，一般先车削出直槽，再用梯形槽车刀车削成形。

思考题

一、填空题

1. 麻花钻的钻削要素______、______和______。

2. 铰刀一般分______和______两种。

3. 内槽车刀有____________和____________两种。

二、简答题

1. 套类零件的特点是什么？
2. 套类零件加工工序一般有哪些？
3. 钻孔时应注意哪些问题？
4. 切断时应注意哪些问题？
5. 如何车内沟槽？

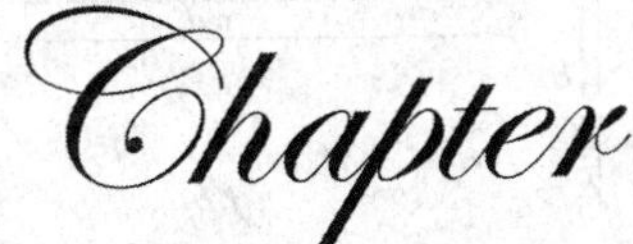

项目六 车削螺纹

任务一 认识螺纹

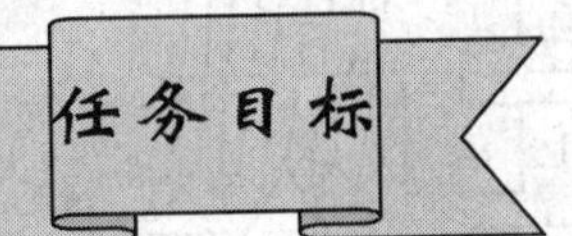

1. 学习螺纹的形成及分类。
2. 掌握螺纹的基本要素。

相关知识

一、螺纹的形成

在图 6-1a)中,如果动点 A 沿圆柱面的直母线匀速上升,而该母线又同时绕圆柱轴线做匀速转动,此时点 A 的运动轨迹即为圆柱螺旋线。

图 6-1b)是螺旋线的展开图,β 是螺旋线的螺旋角,ϕ 是螺旋线的升角,Ph 是母线转动一周动点 A 沿轴向移动的距离,称为螺旋线的导程,且有:$\tan\phi = \cot\beta = Ph\pi d$。

在图 6-1c)中的点 A 处,放一个与轴共面的平面图形(如$\triangle ABC$),并令其沿螺旋线运动,则该平面图形运动时所形成的具有规定牙型(如三角形)的连续凸起即为圆柱螺纹。

工厂中加工螺纹的方法很多,在车床上车削螺纹就是常用的加工方法之一。

图 6-2 所示为车削外螺纹的示意图,圆柱形工件装夹在车床卡盘上绕轴线等速旋转,刀具则沿轴线方向作等速移动即可车出螺纹。

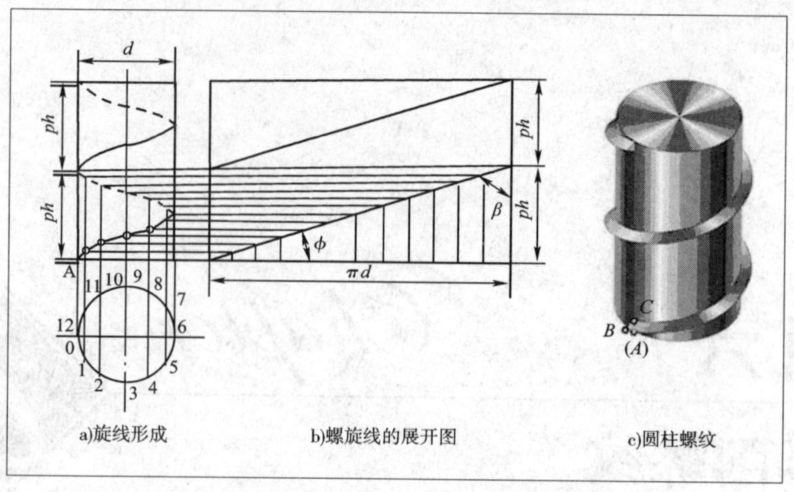

图 6-1　螺旋线和螺纹的形成

二、螺纹的分类

螺纹分为内螺纹和外螺纹，两者共同组成螺旋副。起连接作用的螺纹称为连接螺纹；起传动作用的螺纹称为传动螺纹。螺纹又分为米制和英制两大类。我国除管制螺纹保留英制外，都采用米制螺纹。常用螺纹有很多种，分类也各不相同。

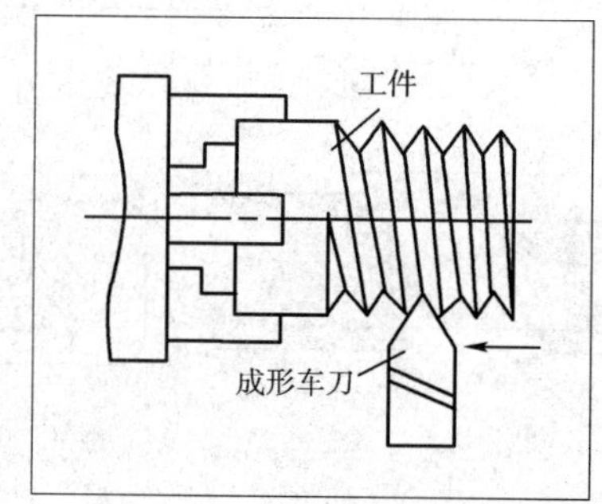

图 6-2　车削外螺纹示意图

（1）按螺纹牙型分：可分为三角形螺纹、矩形螺纹、梯形螺纹、锯齿形螺纹。其中三角形螺纹主要用于连接，而矩形、梯形和锯齿形螺纹主要用于传动，其中除矩形外均已标准化。

（2）按用途分：可分为紧固螺纹、传动螺纹和紧密螺纹。

（3）按螺纹旋线方向分：可分为左旋螺纹和右旋螺纹。

（4）按螺纹线数分：可分为单线螺纹和多线螺纹。

（5）按螺纹母体形状分：可分为圆柱螺纹和圆锥螺纹。

三、螺纹的基本要求

螺纹的基本要素包括牙型、直径（大径、小径、中径）、螺距和导程、线数、旋向等。

1 牙型

在通过螺纹轴线的剖面上，螺纹的轮廓形状称为螺纹牙型。常见的螺纹牙型有三角形（60°、55°）、梯形、锯齿形、矩形等，如图 6-3 所示。

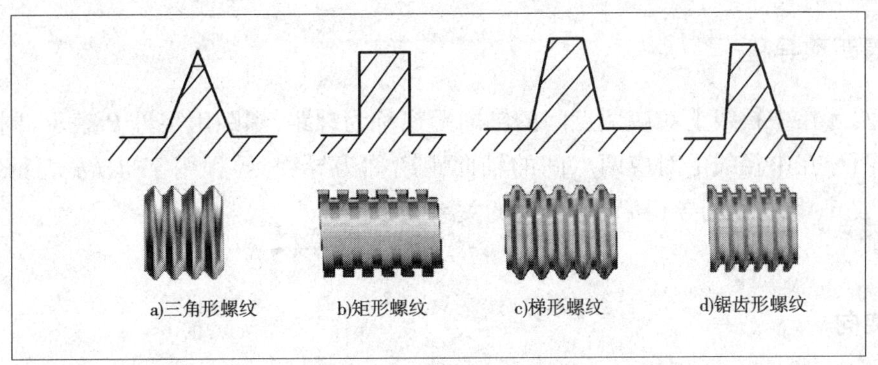

图 6-3　螺纹牙型

2 螺纹的直径

螺纹的直径如图 6-4 所示。大径 d、D：是指与外螺纹的牙顶或内螺纹的牙底相切的假想圆柱或圆锥的直径。内螺纹的大径用大写字母 D 表示，外螺纹的大径用小写 d 字母表示，

小径 d_1、D_1：是指与外螺纹的牙底或内螺纹的牙顶相切的假想圆柱或圆锥的直径。

中径 d_2、D_2：是指一个假想的圆柱或圆锥直径，该圆柱或圆锥的母线通过牙型上沟槽和凸起宽度相等的地方。

公称直径：代表螺纹尺寸的直径，指螺纹大径的公称尺寸。

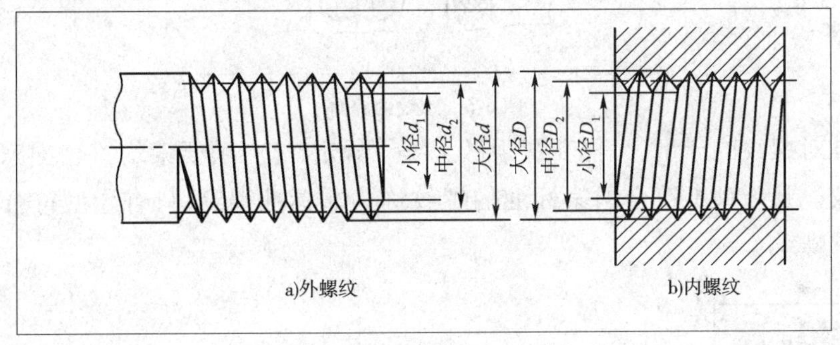

图 6-4　螺纹的直径

3 线数

形成螺纹的螺旋线条数称为线数，线数用字母 n 表示。沿一条螺旋线形成的螺纹称为单线螺纹，沿两条以上螺旋线形成的螺纹称为多线螺纹，如图 6-5 所示。

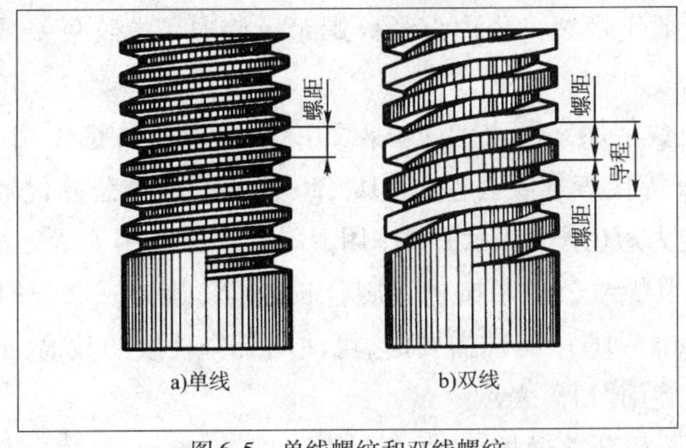

图 6-5　单线螺纹和双线螺纹

4 螺距和导程

相邻两牙在中径线上对应两点间的轴向距离称为螺距，螺距用字母 P 表示；同一螺旋线上的相邻两牙在中径线上对应两点间的轴向距离称为导程，导程用字母 Ph 表示，如图 6-1 所示。线数 n、螺距 P 和导程 Ph 的之间的关系为

$$Ph = P \times n$$

5 旋向

螺纹分为左旋螺纹和右旋螺纹两种。顺时针旋转时旋入的螺纹是右旋螺纹；逆时针旋转时旋入的螺纹是左旋螺纹，如图 6-6 所示。工程上常用右旋螺纹。

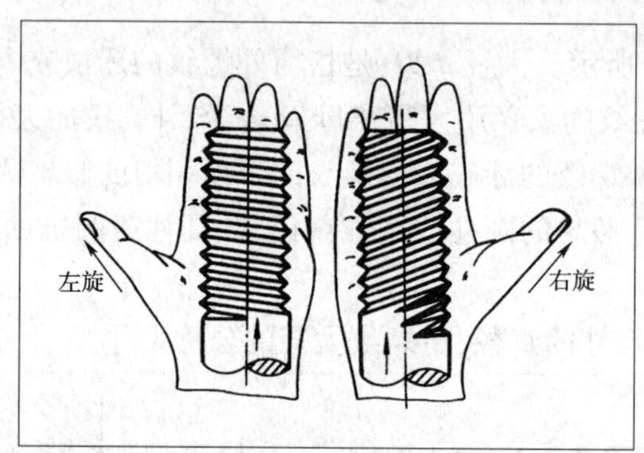

图 6-6 螺纹的旋向

国家标准对螺纹的牙型、大径和螺距做了统一规定，这三项要素均符合国家标准的螺纹称为标准螺纹。凡牙型不符合国家标准的螺纹称为非标准螺纹；只有牙型符合国家标准的螺纹称为特殊螺纹。

四、螺纹的标注

螺纹需要用规定的螺纹特征代号标注，除管螺纹外，螺纹特征代号的标注格式为：

普通粗牙螺纹：特征代号 M + 公称直径 + 旋向 + 螺纹公差带代号（中径、大径）—旋合长度。

普通细牙螺纹：特征代号 M + 公称直径 × 螺距 + 旋向 + 螺纹公差带代号（中径、大径）—旋合长度。

（1）公差带代号由数字加字母表示（内螺纹用大写字母，外螺纹用小写字母），如 7H、6g 等，应特别指出，7H，6g 等代表螺纹公差，而 H7，g6 代表圆柱体公差代号。

（2）旋合长度规定为短（用 S 表示）、中（用 N 表示）、长（用 L 表示）三种。一般情况下，不标注螺纹旋合长度，其螺纹公差带按中等旋合长度（N）确定。必要时，可加注旋合长度代号 S 或 L，如“M20 – 5g6g – L”。特殊需要时，可注明旋合长度的数值，如“M20 – 5g6g – 30”。右旋螺纹省略不注，左旋用“LH”表示。

例：M16 – 5g6g 表示粗牙普通螺纹，外螺纹公称直径 16mm，右旋，螺纹公差带中径 5g，大

径 6g,旋合长度按中等长度考虑。M16 × 1LH – 6G 表示细牙普通螺纹,内螺纹公称直径 16mm,螺距 1mm,左旋,螺纹公差带中径、大径均为 6G,旋合长度按中等长度考虑。

五、传动比的计算

图 6-7 所示为 CA6140 型卧式车床车螺纹时的传动比示意图。从图中可以看出,当工件旋转一周时,车刀必须沿工件轴线方向移动 $Ph_{工}$(螺纹的导程)。在一定时间内,车刀的移动距离等于工件转数 $n_{工}$ 与工件螺纹导程 $Ph_{工}$ 的乘积,也等于丝杠转数 $n_{丝}$ 与丝杠螺距 $P_{丝}$ 的乘积。即

$$n_{工} Ph_{工} = n_{丝} P_{丝}$$

$$n_{丝}/n_{工} = Ph_{工}/P_{丝}$$

$n_{丝}/n_{工}$ 称为传动比,用 i 表示。由于 $n_{丝}/n_{工} = z_1/z_2 = i$,所以可以得出车螺纹时的交换齿轮计算公式,即

$$i = n_{丝}/n_{工} = Ph_{工}/P_{丝} = z_1/z_2 = z_1/z_0 \times z_0/z_2$$

式中:n——螺纹线数;

z_1——主动轮齿数;

z_0——交换齿轮齿数;

z_2——从动轮齿数。

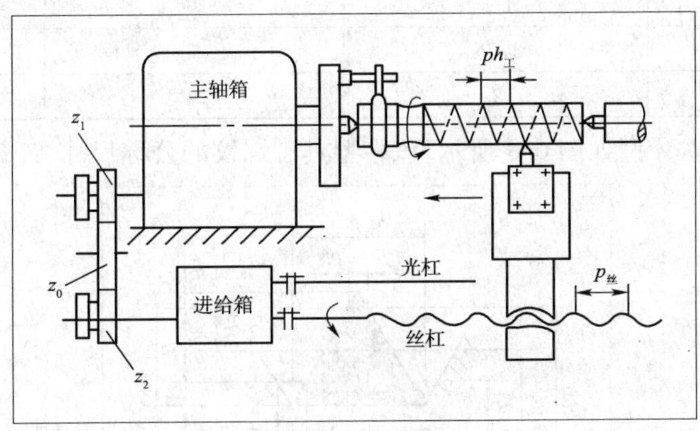

图 6-7 CA6140 型卧式车床车螺纹时传动示意图

任务二 螺纹的尺寸计算

1. 学习常用三角形螺纹的尺寸计算。
2. 学习梯形螺纹的尺寸计算。

一、三角形螺纹的尺寸计算

三角形螺纹因其规格及用途不同，分为普通螺纹、英制螺纹和管螺纹三种。

1 普通螺纹的尺寸计算

普通螺纹是应用最广泛的一种三角形螺纹，牙型角为60°。它分粗牙螺纹和细牙螺纹两种。粗牙普通螺纹的代号用字母“M”及公称直径表示，如M16、M24等。M6～M24是生产中经常应用的螺纹，见表6-1。细牙普通螺纹代号用字母“M”及公称直径×螺距表示，如M20×1.5、M10×1等。公称直径相同时，细牙螺纹螺距较小。左旋螺纹在代号末尾加注“左”字，如“M16×1.5左”等，未注明的为右旋。

M6～M24螺纹的螺距（单位：mm） 表6-1

公称直径	螺距（P）	公称直径	螺距（P）
6	1	16	2
8	1.25	18	2.5
10	1.5	20	2.5
12	1.75	22	2.5
14	2	24	3

普通螺纹的基本牙型如图6-8所示．该牙型具有螺纹的公称尺寸，计算公式如下：

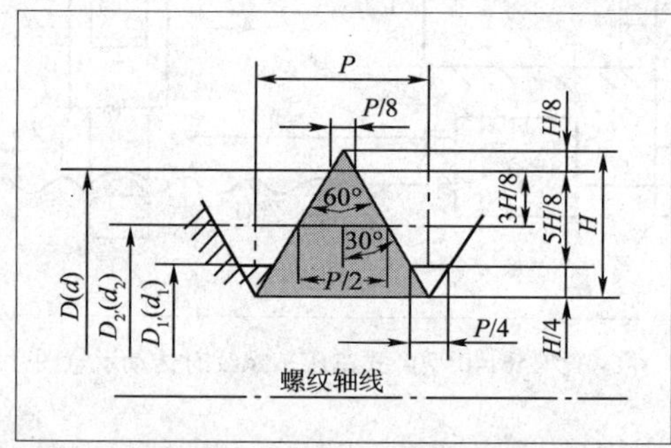

图6-8 普通螺纹的基本牙型

（1）螺纹的大径 $d=D$（螺纹大径的公称尺寸与公称直径相同）。

（2）中径 $d_2=D_2=d-0.6495P$。

（3）牙型高度 $h_1=0.5413P$。

（4）螺纹小径 $d_1=D_1=d-1.0825P$。

2 英制螺纹

英制螺纹在我国应用较少，只在某些进出口设备和维修旧设备时使用．英制螺纹的牙型如图 6-9 所示。它的牙型角为 55°,公称直径是指内螺纹的大径,用英寸(in)表示。螺距 P 以 1in(25.4mm)中的牙数 n 表示,如 1in12 牙,螺距为 0.5in。英制螺距与米制螺距换算如下:

$$P = \frac{1}{n}\text{in} = \frac{25.4}{n}$$

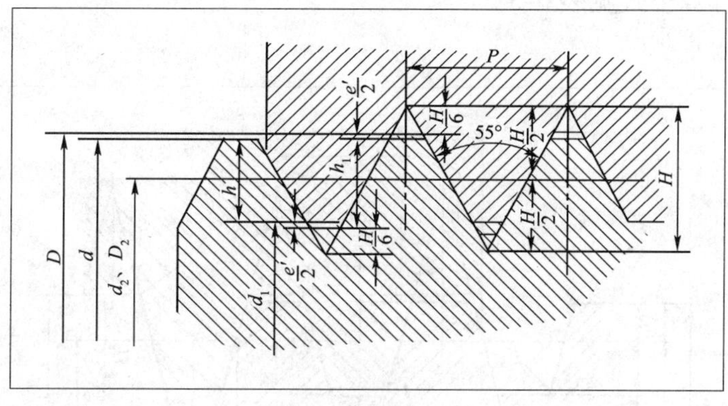

图 6-9 英制螺纹牙型

3 管螺纹

管螺纹是一种特殊的英制细牙螺纹,其牙型角有 55°和 60°两种。管螺纹应用在流通气体或液体的管接头、旋塞、阀门及其他附件上。根据螺纹的密封状态和螺纹牙型角,管螺纹可分为三种,见表 6-2。

管螺纹 表 6-2

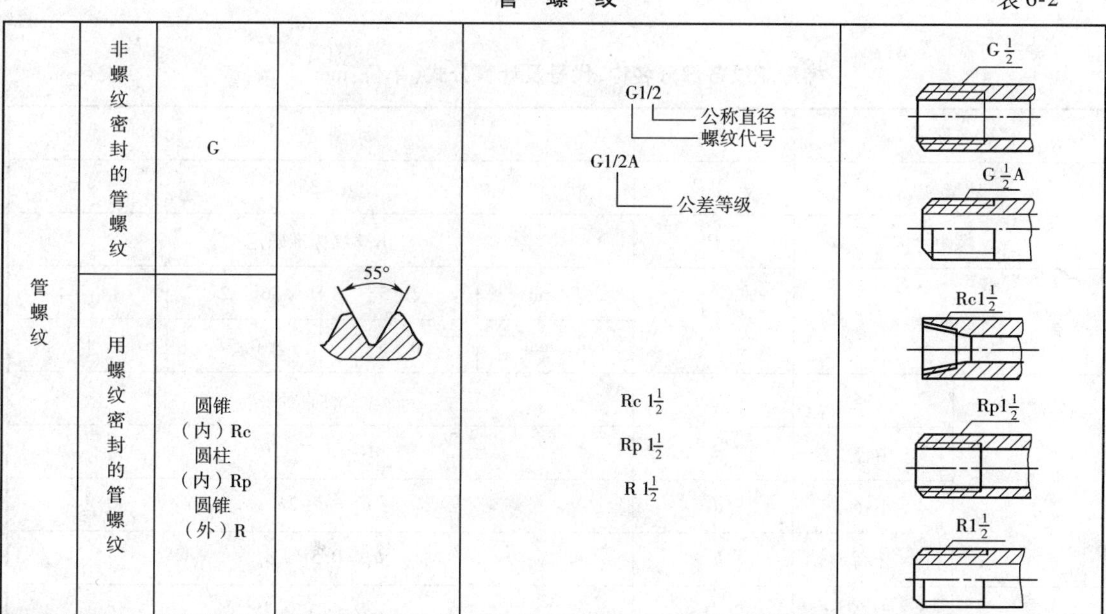

管螺纹	非螺纹密封的管螺纹	G	55°	G1/2 ── 公称直径、螺纹代号 G1/2A ── 公差等级	G $\frac{1}{2}$ G $\frac{1}{2}$A
	用螺纹密封的管螺纹	圆锥(内)Rc 圆柱(内)Rp 圆锥(外)R		Rc $1\frac{1}{2}$ Rp $1\frac{1}{2}$ R $1\frac{1}{2}$	Rc$1\frac{1}{2}$ Rp$1\frac{1}{2}$ R$1\frac{1}{2}$

二、梯形螺纹的尺寸计算

国家标准规定梯形螺纹的牙型角为 30°,英制梯形螺纹(其牙型角为 29°)在我国较少采用。米制梯形螺纹的代号用字母"T_r"及公称直径×旋合长度表示，单位均为mm。左旋螺纹需在尺寸规格之后加注"LH"，右旋螺纹则不标出。梯形螺纹公差带代号仅标注中径公差带，如7H、7e，大写为内螺纹，小写为外螺纹。例如$T_r32\times6-7H$，表示梯形螺纹公称直径为32mm，螺距为6mm，中径公差带代号为7H。梯形螺纹的牙型如图6-10所示，梯形螺纹各部分的名称、代号及计算公式见表6-3。

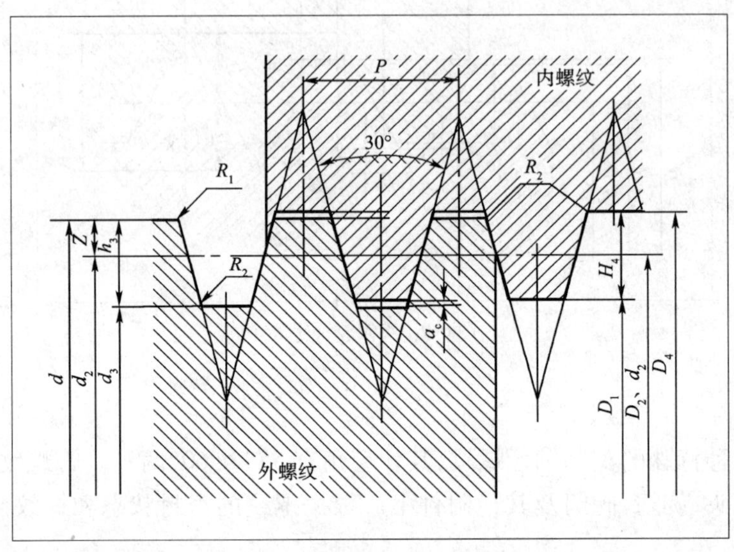

图6-10　梯形螺纹的牙型

梯形螺纹各部分名称、代号及计算公式(单位:mm)　　表6-3

名称		代号	计算公式			
牙型角		α	$\alpha=30°$			
螺距		P	由螺纹标准确定			
牙顶间隙		α_c	P/mm	2~5	6~12	14~44
			α_c/mm	0.25	0.5	1
外螺纹	大径	d	公称直径			
	中径	d_2	$d_2=d-0.5P$			
	小径	d_1	$d_1=d-2h_1$			
	牙高	h_1	$h_1=0.5P+\alpha_c$			
内螺纹	大径	D	$D=d+2\alpha_c$			
	中径	D_2	$D_2=d_2$			
	小径	D_1	$D_1=d-P$			
	牙高	H_1	$H_1=h_1$			

任务三　三角形螺纹的车削方法

1. 掌握螺纹车刀的装夹及车削方法。
2. 了解车螺纹的准备工作及注意事项。

一、螺纹车刀

1 螺纹车刀切削部分材料的选用

一般情况下，螺纹车刀切削部分的材料有高速钢和硬质合金两种，在选用时应注意以下问题：

(1)低速车削螺纹时，用高速钢车刀；高速车削螺纹时，用硬质合金车刀。

(2)如果工件材料是有色金属、铸钢或橡胶，可选用高速钢或 K 类硬质合金(如 K30)；若工件材料是钢料，则选用 P 类(如 P10)或 M 类硬质合金(如 M10)。

2 螺纹车刀的要求及装夹

要车好螺纹，必须正确刃磨螺纹车刀，螺纹车刀按加工性质属于成型刀具，其切削部分应当和螺纹牙形的轴向剖面形状相符合，即车刀的刀尖角应该等于牙型角。

❶ 三角形螺纹车刀的几何角度

(1)车刀的刀尖角等于螺纹牙型角，车普通螺纹时为 $\alpha = 60°$。

(2)其前角 =0°才能保证工件螺纹的牙型角，否则牙型角将产生误差；只有粗加工时或螺纹精度要求不高时，其前角可取 =5° ~20°。

(3)后角一般为 5° ~10°。

❷ 三角形螺纹车刀的刃磨

(1)根据粗、精车的要求，刃磨出合理的前、后角。粗车刀前角大、后角小，精车刀则相反。

(2)车刀的左右切削刃必须是直线，无崩刃。

(3)刀头不歪斜，牙型半角相等。

(4)内螺纹车刀刀尖角平分线必须与刀杆相垂直。

❸ 螺纹车刀的装夹

装夹螺纹车刀时刀尖对准工件中心,并用样板对刀,以保证刀尖角的角平分线与工作的轴线相互垂直,车出的牙型角才不会偏斜。刀头伸出不要过长,一般为20~25mm(约为刀杆厚度的1.5倍),如图6-11所示。

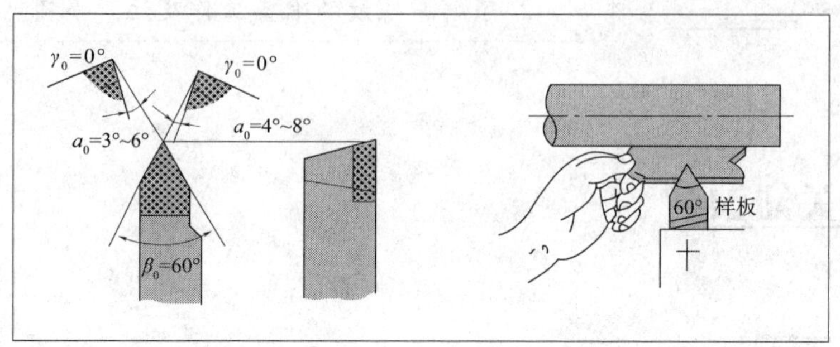

图6-11 螺纹车刀的装夹

二、车螺纹时车床的调整

(1)变换手柄位置一般按工件螺距在进给箱铭牌上找到交换齿轮的手柄位置,并把手柄拨到所需的位置上。

(2)某些车床需要根据铭牌表所配备的齿轮调整交换齿轮,其方法如下:

①切断机床电源,主轴箱变速手柄放在中间空挡位置。

②识别有关齿轮、齿数、上轴、中轴、下轴。

③了解齿轮拆装的程序及单式、复式交换齿轮的组装方法。

在调解交换齿轮时,必须先把齿轮套筒和小轴擦干净,并使其相互间隙要稍大些及涂上润滑油。套筒的长度要小于小轴台阶的长度,否则螺母压紧套筒后,交换齿轮就不能转动,开车时会损坏齿轮或扇形板。

交换齿轮啮合间隙的调整是变动齿轮在交换齿轮架上的位置及交换齿轮架本身的位置,使各齿轮的跌倒间隙保持在0.1~0.15mm;如果太紧,交换齿轮在转动时会产生很大的噪声并损坏齿轮。

(3)调整滑板间隙。车削螺纹时,中滑板、小滑板与镶条之间的间隙要适当。间隙过大,中滑板、小滑板太松,车削螺纹时容易产生"扎刀"现象;间隙过小,中滑板、小滑板操作不灵活,摇动费力。

(4)调整开合螺母的松紧度。开合螺母松紧应适度。过松,车削螺纹过程中开合螺母容易跳起,使螺纹产生乱牙;过紧,开合螺母手柄提起或合下时不灵活。

(5)检查。提起或放下开合螺母手柄,检查丝杠与开合螺母啮合是否到位,以防车削时产生乱牙,如图6-12所示。

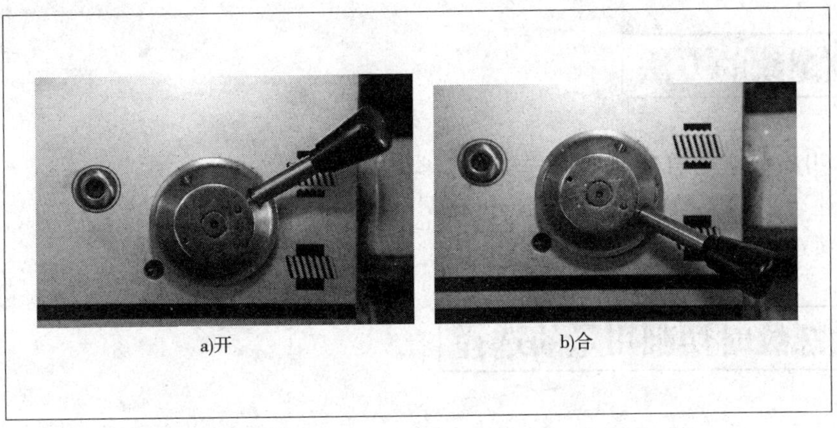
a)开　b)合

图 6-12　开合螺母手柄的位置

三、车螺纹时动作练习

开合螺母的操纵练习

1 提起开合螺母退刀练习

步骤 1:按床鞍上的绿色起动按钮,起动电动机,向上提起进给箱右下侧的操纵杆手柄,实现主轴正转,此时车床主轴转速为 40r/min。

步骤 2:观察车床丝杠是否旋转。如果丝杠不转,说明相关手轮、手柄的位置不到位,重新检查并调整至丝杠旋转。

步骤 3:左手握中滑板手柄进给 0.5mm,同时右手压下开合螺母手柄,使开合螺母与丝杠啮合到位,床鞍和刀架按照一定的螺距或导程作纵向移动。

步骤 4:当床鞍移动到一定距离时,右手迅速提起开合螺母,然后用中滑板退刀。

步骤 5:手摇床鞍手轮,将床鞍移动到初始位置。

步骤 6:重复步骤 3、4、5。

2 开倒顺车退刀练习

步骤 1、步骤 2 和步骤 3 与提起开合螺母退刀的方法相同。

步骤 4:当床鞍移动到一定距离时,不提起开合螺母,右手快速退中滑板,左手同时压下操纵杆,主轴反转,床鞍纵向退回。

步骤 5:向上提起操纵杆手柄,将床鞍停到初始位置。

步骤 6:重复步骤 3、4、5。

四、车削螺纹的方法

车削三角形螺纹的方法有低速车削和高速车削两种。

(1)低速车削的三种方法:直进法、左右切削法、斜进法。

(2)高速车削只能用直进法。

五、车削螺纹时切削用量的选择

1 车削螺纹时切削用量

车削螺纹时切削用量的推荐值见表6-4。

车削螺纹时的切削用量 表6-4

工件材料	刀具材料	螺距(mm)	切削速度 v_c(m/min)	背吃刀量 a_p(mm)
45 钢	W18Cr4V	1.5	粗车:15~30	粗车:0.15~0.30
			精车:5~7	精车:0.05~0.08

2 确定进给次数

合理选择粗车、精车普通螺纹的切削用量后,还应在一定的进给次数内完成车削。例如低速车削 M24、M20、M16 的螺纹时,合理的进给次数见表6-5。

低速车螺纹的合理进给次数 表6-5

进刀次数	M24 $P=3$mm			M20 $P=2.5$mm			M16 $P=2$mm		
	中滑板进给格数	小滑板赶刀格数		中滑板进给格数	小滑板赶刀格数		中滑板进给格数	小滑板赶刀格数	
		左	右		左	右		左	右
1	9	0		9	0		9	0	
2	6	3		6	2		4	3	
3	4	3		4	3		3	2	
4	3	2		2	2		2	2	
5	3	2		2	1		1	1/2	
6	1	1		1	1		0.65	1/2	
7	1	1		1/2	0		1/4	1/2	
8	1	1/2		1/2	1/2		1/4		2.5
9	1/2	1		1/4	1/2		1/2		1/2
10	1/2	0		1/4		3	1/2		1/2

续上表

进刀次数	M24　$P=3$mm			M20　$P=2.5$mm			M16　$P=2$mm		
	中滑板进给格数	小滑板赶刀格数		中滑板进给格数	小滑板赶刀格数		中滑板进给格数	小滑板赶刀格数	
		左	右		左	右		左	右
11	1/4	1/2		1/2		0	1/4		1/2
12	1/4	1/2		1/2		1/2	1/4		0
13	1/4		3	1/4		1/2	螺纹深度 $h=1.0826$mm $N=21.65$ 格		
14	1/4		0	1/4		0			
15	1/4		1/2	螺纹深度 $h=1.353$mm $N=27$ 格					
16	1/4		0						
	螺纹深度 $h=1.639$mm $N=32.5$ 格								

六、车削前准备工作

(1)按螺纹规格车削螺纹外圆,并按所需长度刻出螺纹长度终止线。先将螺纹外径车至尺寸,然后用刀尖在工件上的螺纹终止处刻一条微可见线,以它作为车削螺纹的退刀标记。

(2)根据工件的螺距 P,查机床上的标牌,然后调整进给箱上手柄位置及配换进给箱中交换齿轮的齿数以获得所需要的工件螺距。

(3)确定主轴转速。初学者应将车床主轴转速调到最低速。

具体步骤如图 6-13a)~f)所示。

(1)开车,使车刀与工件轻微接触,记下刻度盘计数,向右退出车刀。

(2)合上对开螺母,在工件表面车出一条螺旋线,横向退出车刀,停车。

(3)开反车使车刀退到工件右端,停车,用金属直尺检查螺距是否正确。

(4)利用刻度盘调整切深,开车切削,车钢料时加机油润滑。

(5)车刀将至行程终了时,应作好退刀停车准备。先快速退出车刀,然后停车,开反车退回刀架。

(6)再次横向切入,继续切削。其切削过程的路线如图 6-13 所示。

七、车螺纹时容易产生的问题和注意事项

(1)注意和消除床鞍的“空行程”。

（2）避免“乱扣”。当第一条螺旋线车好以后，第二次进给后车削，刀尖不在原来的螺旋线（螺旋柱）中，而是偏左或偏右，甚至车在牙顶中间，将螺纹车乱这种现象就称为“乱扣”，预防乱扣的方法是采用倒顺（正反）车法车削。在用左右切削法车削螺纹时小滑板移动距离还要过大，若车削途中刀具损坏需重新换刀或者无意提起开合螺母时，应注意及时对刀。

（3）对刀：对刀前首先要装夹好螺纹车刀，然后按下开合螺母，开正车（注意应该是空进给）停车，移动中滑板、小滑板使刀尖准确落入原来的螺旋槽中（注意不能移动床鞍），同时根据所在螺旋槽中的位置重新做中滑板进给的记号，再将车刀退出，开倒车，将车退至螺纹头部，再进给。对刀时一定要注意是正车对刀。

（4）借刀：借刀就是螺纹车削一定深度后，将小滑板向前或向后移动一点距离再进行车削，借刀时注意小滑板移动距离不能过大，以免将牙槽车宽造成“乱扣”。

（5）使用两顶针装夹方法车螺纹时，工件卸下后再重新车削时，应该先对刀，后车削，以免“乱扣”。

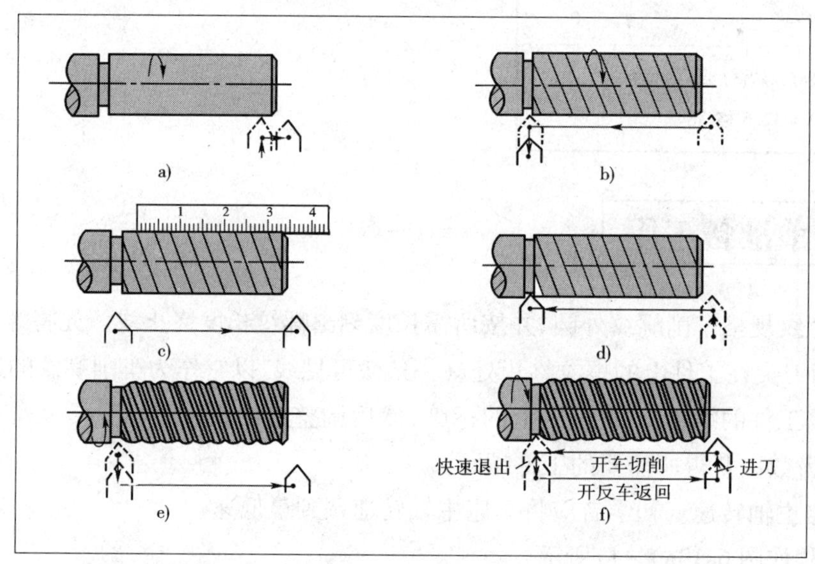

图 6-13　车螺纹

任务实施

螺纹加工。

一、识读普通螺纹轴零件图

把 ϕ45mm × 155mm 的毛坯车成图 6-14 所示的形状和尺寸。

图样右下角的 $\sqrt{Ra\ 6.3}$ (√) 是指普通螺纹轴的全部表面有相同的表面粗糙度要求，即表

面粗糙度 Ra 值为 6.3μm。

"M"是指普通螺纹规格,可在图 6-14 所示中查取。

"B"是指普通螺纹退刀槽的尺寸,可在图 6-14 所示中查取。如"5×2"是指退刀槽的宽度是 5mm,单边深度是 2mm。

可按图样在一个工件上逐次分别练习 1~6 次,普通螺纹的直径逐渐减小;退刀槽的宽度和单边深度逐渐增大。

次数	M	B
1	M42×1.5	5×2
2	M38×2	5×2
3	M34×2.5	5×3
4	M28×2	0
5	M24	6×3
6	M20	5×3

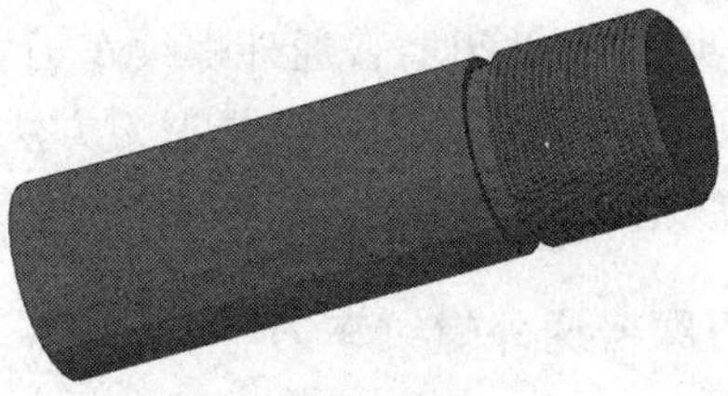

a)计算机绘图

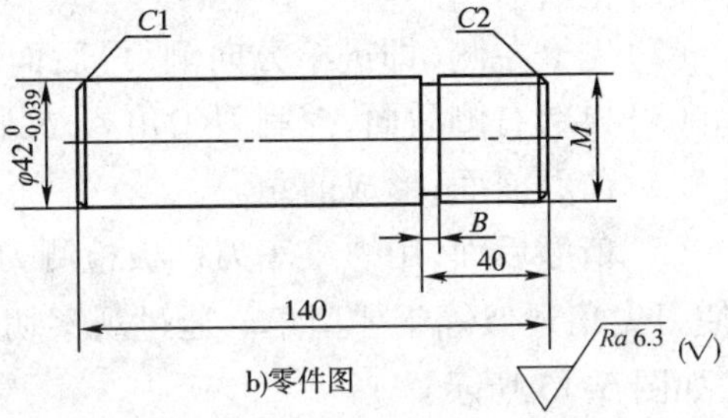

b)零件图

图 6-14 普通螺纹轴

二、工艺分析

(1)该普通螺纹轴分别用高速钢螺纹粗、精车刀对螺纹进行低速粗、精车。

(2)刃磨螺纹车刀时,必须考虑螺纹升角对螺纹车刀工作后角的影响。

(3)该普通螺纹轴有退刀槽(仅 M28×2 无退刀槽),故 1~3 次使用提起开合螺母退刀法车削,4~6 次使用开倒顺车退刀法车削。

(4)要交叉使用直进法、斜进法和左右切削法的进给方式进行训练。

三、准备工作

1 工件毛坯

检查毛坯尺寸:φ45mm×155mm。材料:45 钢。数量:1 件/人。

2 工艺装备

90°粗车刀、90°精车刀、45°车刀、车槽刀、高速钢普通外螺纹车刀、游标卡尺、25~50mm

的千分尺、螺纹环规、对刀样板。

3 设备

CA6140 型车床。

四、操作步骤

操作步骤描述：刃磨普通外螺纹车刀→装夹螺纹车刀→车削普通螺纹轴左端→车削螺纹轴右端的外圆及退刀槽→选择退刀方法→试车普通螺纹并测量螺距→粗车普通螺纹→更换普通螺纹精车刀→精车普通螺纹。

1 刃磨普通外螺纹车刀

（1）粗磨前面。

（2）先磨左侧（即进给方向侧刃）后面，控制刀尖半角（$\varepsilon_r/2$）及后角（$\alpha_0+\varphi$）。

（3）再磨右侧后面，控制刀尖角 ε_r 及后角（$\alpha_0-\varphi$）。

（4）精磨前面，形成前角。

（5）精磨后面，用螺纹车刀样板检测刀尖角。测量时，使刀柄底平面与样板平面平行才能使刀尖角近似等于牙型角。通过观察切削刃与样板间的透光来判断刃磨的刀尖角是否正确，如图 6-15 所示。

（6）修磨刀尖。

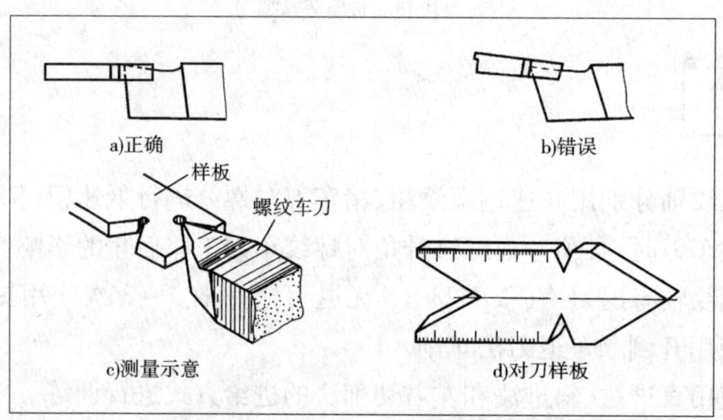

图 6-15　用对刀样板检验刀尖角

（7）用油石研磨切削刃处的前角和后角，注意保持刃口锋利。

提示

刃磨螺纹车刀时的注意事项：

1. 刃磨时，站立姿势要正确，要注意安全。

2. 磨削时，两手握着车刀，使螺纹车刀与砂轮接触的压力不小于一般车刀与砂轮的接触压力。

3. 磨外螺纹车刀时，刀尖角平分线应平行于刀柄中线。

4. 车削高台阶的螺纹，靠近高台阶一侧的车刀切削刃应短些，否则易擦伤轴肩，如图6-16所示。

5. 粗磨时也要用样板检查。对背前角 $\gamma_0>0°$ 的螺纹车刀，粗磨时两刃夹角应略大于牙型角。精磨时，再修磨两刃夹角。

6. 刃磨切削刃时，要沿砂轮稍作左右、上下移动，这样容易使切削刃平直。

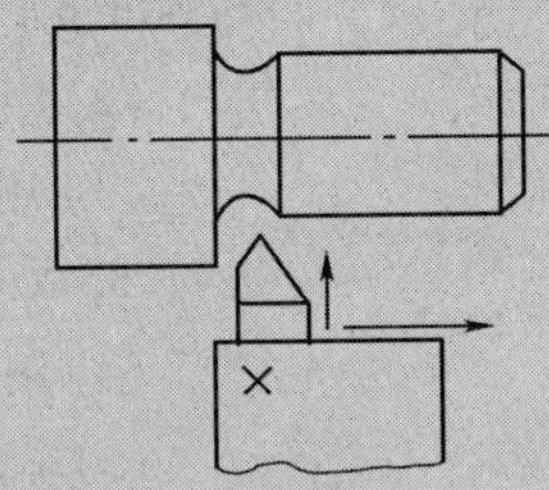

图6-16　车削高台阶螺纹车刀

2 装夹螺纹车刀

(1)一般根据尾座顶尖高度调整和检查，使螺纹车刀刀尖与车床主轴轴线等高。

(2)螺纹车刀不宜伸出刀架过长。一般伸出长度为刀柄厚度的1.5倍，为25～30mm。

(3)采用图6-17所示的弹性刀柄可以吸振和防止“扎刀”现象。

(4)螺纹车刀的刀尖角平分线应与工件轴线垂直，装夹刀时可用对刀样板调整。如果把车刀装夹歪，会使车出的螺纹两牙型半角不相等，产生歪斜牙型(俗称“倒牙”)。

3 车削普通螺纹轴左端

车削普通螺纹轴左端的工序图如图6-18所示。

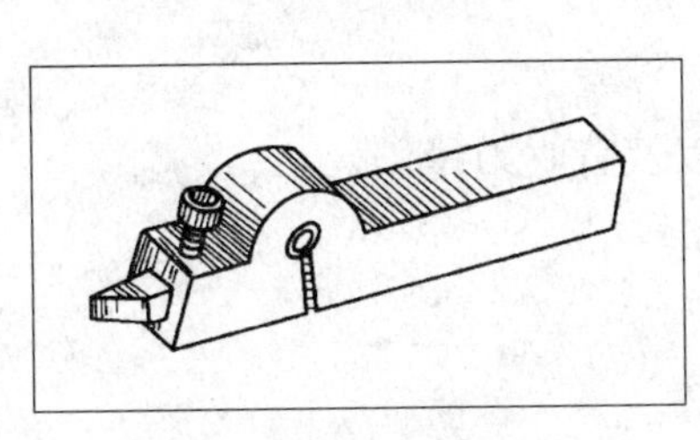

图6-17　弹性刀柄

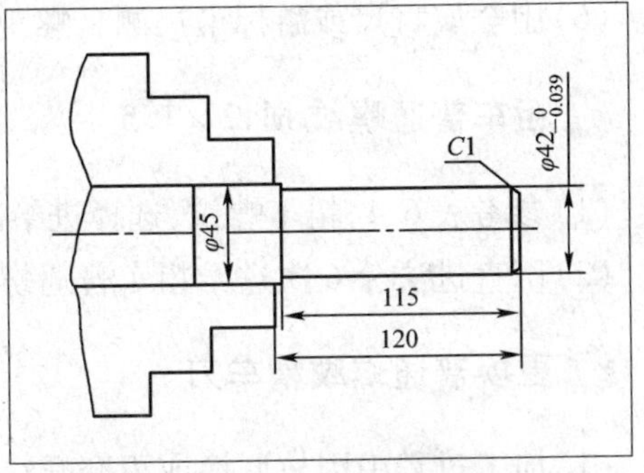

图6-18　车削普通螺纹轴左端的工序图

(1)装夹毛坯，伸出约120mm长，找正并夹紧。

(2)用45°车刀车端面。

(3)用90°车刀粗车、精车 $\phi42_{-0.039}^{0}$ mm 的外圆至要求,长度接近卡盘处。

(4)用45°车刀倒角 $C1$mm。

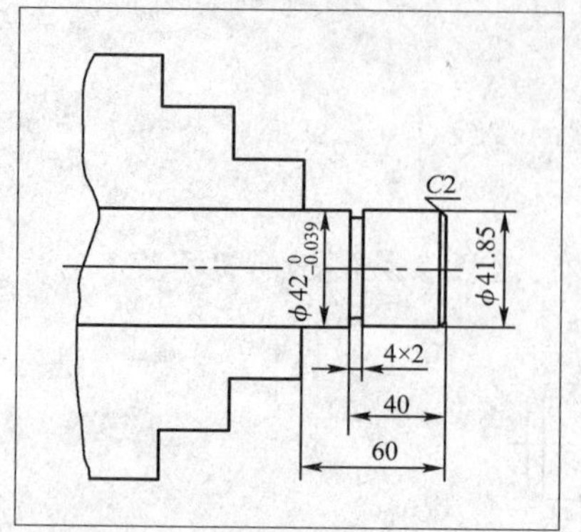

图6-19　车削普通螺纹轴右端的外圆及退刀槽的工序图

4 车削螺纹轴右端的外圆及退刀槽

车削普通螺纹轴右端的外圆及退刀槽的工序图如图6-19所示。

(1)掉头装夹 $\phi42_{-0.039}^{0}$ mm 的外圆,伸出约60mm长,找正并夹紧。

(2)用45°车刀取总长140mm。

(3)用90°车刀粗车、精车螺纹大径至 $\phi41.85$mm。

(4)用45°车刀倒角 $C2$mm。

(5)车5mm×2mm的槽,并控制位置40mm。

5 选择退刀方法

(1)经过计算,所要车削的6种螺纹均不会发生乱牙。

(2)可选择提开合螺母法退刀,也可采用开倒顺车法退刀。

6 试车普通螺纹并测量螺距

(1)选择车床主轴转速 $n=100$r/min。

(2)按照1.5mm的螺纹螺距调整车床。

(3)起动车床并移动螺纹车刀,使刀尖与工件外圆轻微接触,记住中滑板刻度读数(或将中滑板刻度盘调零),将床鞍向右移动退出工件端面。

(4)使中滑板径向进给约0.05mm,左手握中滑板手柄,右手握开合螺母手柄。

(5)右手压下开合螺母,使车刀刀尖在工件表面车出一条螺旋线痕,当车刀刀尖移动到退刀槽位置时,右手迅速提起开合螺母,然后横向退刀,停止车床。

(6)用金属直尺或游标卡尺测量螺距,确认螺距正确无误后才能粗车螺纹。

7 粗车普通螺纹 M42×1.5

(1)参考表6-4,粗车螺纹,选择进给次数(6次)以及背吃刀量。

(2)用直进法分6次进给粗车普通螺纹 M42×1.5。

8 更换普通螺纹精车刀

(1)加工过程中因故调换或刃磨螺纹车刀,再次装夹时要重新对刀。

(2)使车刀刀尖运动轨迹在原螺旋槽内。车刀装夹正确后,不切入工件,起动车床并合上开合螺母。

(3) 当车刀纵向移动到已车螺纹处时，将操纵杆放到中间位置，待车刀缓慢停稳后，移动小滑板和中滑板，使车刀刀尖对准已车出的螺旋槽。

(4) 轻提操纵杆但不要提到位，再迅速放回中间位置，观察车刀是否在螺旋槽内，反复调整，直到刀尖对准螺旋槽后才能继续精车螺纹。

9 精车普通螺纹 M42×1.5

精车普通螺纹 M42×1.5 的工序图如图 6-20 所示。

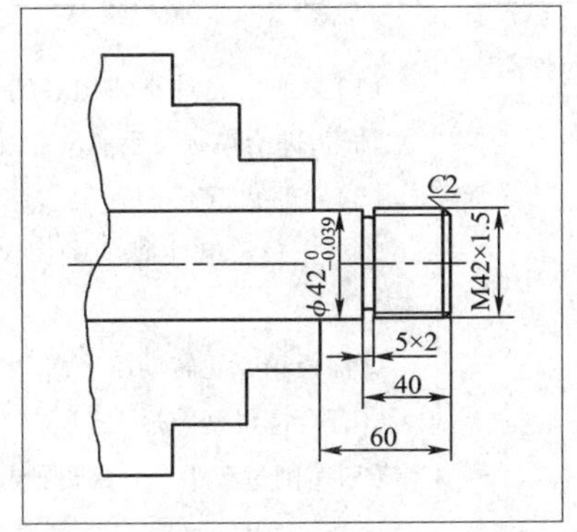

图 6-20 精车普通螺纹 M42×1.5 的工序图

(1) 选择车床主轴转速 $n=50\text{r/min}$。

(2) 参考表 6-5 精车螺纹，选择 6 次进给次数以及背吃刀量。

(3) 第 1、2 次向左赶刀，精车螺纹的左侧牙型。

(4) 第 3～5 次向右赶刀，精车螺纹的右侧牙型。

(5) 最后 1 刀采用直进法同时精车螺纹的左侧和右侧，以获得正确的牙型。

提示

车螺纹注意事项

1. 车螺纹前，应首先调整好床鞍和中滑板、小滑板的松紧程度及开合螺母的间隙。

2. 调整进给箱手柄时，要在车床主轴低速回转的情况下操作或停车用手拨动卡盘一下。

3. 车螺纹时，应注意不可将中滑板手柄多摇进一圈，否则会使刀尖崩刃或损坏工件。

4. 车螺纹过程中，不准用手摸或用棉纱去擦螺纹，以免伤手。

5. 应始终保持螺纹车刀锋利。中途换刀或刃磨后重新装刀时，必须重新调整螺纹车刀刀尖的高低后再次对刀。

6. 出现积屑瘤时应及时清除。

7. 车脆性材料螺纹时，背吃刀量不宜过大，否则会使螺纹牙尖爆裂，造成废品，低速精车螺纹时，最后几刀采用微量进给或进给车削，以车光螺纹侧面。

五、结束工作

每位学员完成工件后，卸下工件，仔细测量各部分尺寸，看是否符合图样要求，对刃磨的螺纹车刀和车削的工件进行评价。针对出现的质量问题和废品种类，参考表 6-6 分析出原因,找出改进措施。

车螺纹时产生废品的原因及预防措施　　表6-6

废品种类	产生的原因	预 防 方 法
中径不正确	(1)车刀切入深度不正确 (2)刻度盘使用不当	(1)经常测量中径尺寸 (2)正确使用刻度盘
螺距不正确	(1)交换齿轮计算或组装错误;主轴箱、进给箱有关手柄位置扳错 (2)局部螺距不正确 ①车床丝杠和主轴的轴向窜动量过大 ②溜板箱手轮转动不平衡 ③开合螺母间隙过大 (3)车削过程中开合螺母抬起	(1)在工件上先车出一条很浅的螺旋线,测量螺距是否正确 (2)调整螺距 ①调整好主轴和丝杠的轴向窜动量 ②将溜板箱手轮拉出,使之与传动轴脱开或加装平衡块使之平衡 ③调整好开合螺母的间隙 (3)用重物挂在开合螺母手柄上,防止中途抬起
牙型不正确	(1)车刀刃磨不正确 (2)车刀装夹不正确 (3)车刀磨损	(1)正确刃磨和测量车刀角度 (2)用对刀样板正确装刀 (3)合理选用切削用量并及时修磨车刀
表面粗糙度值大	(1)产生积屑瘤 (2)刀柄刚度不够,车削时产生振动 (3)车刀背前角太大,中滑板丝杆螺母间隙过大,产生“扎刀”现象 (4)工件刚度低,而切削用量选用过大	(1)用高速钢车刀切削时,应降低切削速度,并加注切削液 (2)增加刀柄截面面积,并减小悬伸长度 (3)减小车刀背前角,调整中滑板丝杆螺母的间隙 (4)选择合理的切削用量

任务四　梯形螺纹和多线螺纹

1. 了解梯形螺纹的作用、种类、标记、牙型。
2. 了解梯形螺纹的技术要求。
3. 学会梯形螺纹车刀的刃磨、车削方法。

相关知识

一、梯形螺纹概述

1 梯形螺纹作用及种类

梯形螺纹是应用比较广泛的传动螺纹，它的传动精度高，如车床上的传动丝杠和中滑板、小滑板的丝杆等都是梯形螺纹。由于梯形螺纹的长度一般都较长，使用要求较高，因此其加工方法比三角形螺纹要复杂。

梯形螺纹的轴向断面形状是一个等腰梯形，其精度及一般技术要求均比普通三角形螺纹高，在车削时必须保证梯形螺纹的公差，因为梯形螺纹是以中径配合定心。

2 梯形螺纹技术工艺要求

(1)梯形螺纹中径必须与基准轴颈同轴，其大径尺寸应小于公称尺寸。

(2)车削梯形螺纹必须保证中径尺寸公差。

(3)梯形螺纹的牙型角要正确。

二、梯形螺纹的车削加工

1 车床的选择和调整

(1)选择精度较高、磨损较少的机床。

(2)正确调整机床各处间隙，对床鞍、中滑板和小滑板的配合部分进行检查和调整，注意控制机床主轴的轴向窜动。

(3)选用磨损较少的交换齿轮。

2 工件的装夹

(1)可以采用卡盘直接装夹、两顶尖或一夹一顶装夹。

(2)粗车较大螺距的新型螺纹时，可用四爪单动卡盘一夹一顶，以保证装夹牢固；同时使工件的台阶靠在卡爪端面上，固定工件的轴向位置，以免因切削力过大，使工件移位而车坏螺纹。

3 梯形螺纹车刀

梯形螺纹一般采用低速车削，使用高速钢车刀。高速切削时采用硬质合金车刀。

(1)梯形螺纹车刀及几何角度如图 6-21 所示。

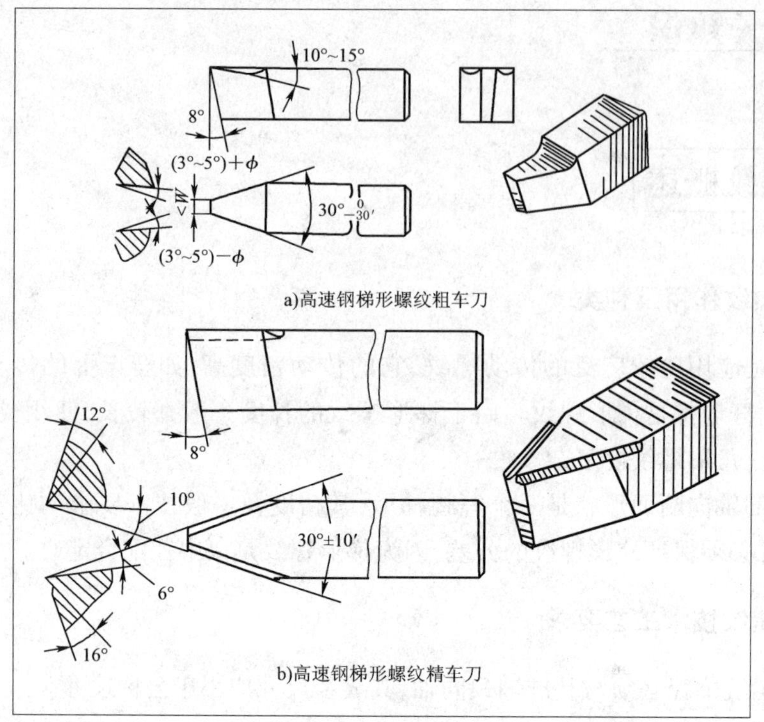

a)高速钢梯形螺纹粗车刀

b)高速钢梯形螺纹精车刀

图 6-21　梯形螺纹车刀

调整梯形螺纹车刀的几何角度：

①刀尖角：粗车刀刀尖角小于螺纹牙型角，精车刀刀尖应等于螺纹牙型角。

②刀头宽度：为了便于左右切削并留有精车余量，刀头宽度应小于牙槽底宽 W，粗车刀的刀头宽度约为 1/3 螺距宽，精车刀的刀头宽度应等于牙底工槽宽。

③纵向前角：粗车刀一般为 15°左右。精车刀为了保证牙型正确，前角应等于 0°，但实际生产时取 5°～10°。

④纵向后角一般为 6°～8°。

⑤两侧刃磨后与三角形螺纹车刀相同。

⑥卷屑槽：精车刀可以磨出卷屑槽。

(2)螺纹车刀的刃磨要求：

①用样板(图 6-22)校对刃磨两切削刃夹角。

②有纵向前角的梯形螺纹车刀刀尖角应进行修正。

③车刀刃口要平直、光滑，两侧切削刃必须对称。

④用油石研磨，研去切削刃上的毛刺。

(3)梯形螺纹车刀的装夹：

①车刀切削刃必须与工件轴线等高，同时应和工件轴线平行。

②刀头的角平分线要垂直于工件轴线。一般用样板找正装夹(图 6-22)，以免产生螺纹半角误差。

4 梯形螺纹的车削方法

梯形螺纹的车削方法可分为低速切削和高速切削两大类，对于精度要求高的梯形螺纹，目前多采用低速切削。

梯形螺纹的低速车削方法一般有左右切削法、车直槽法、车阶梯槽法，如图 6-23 所示。

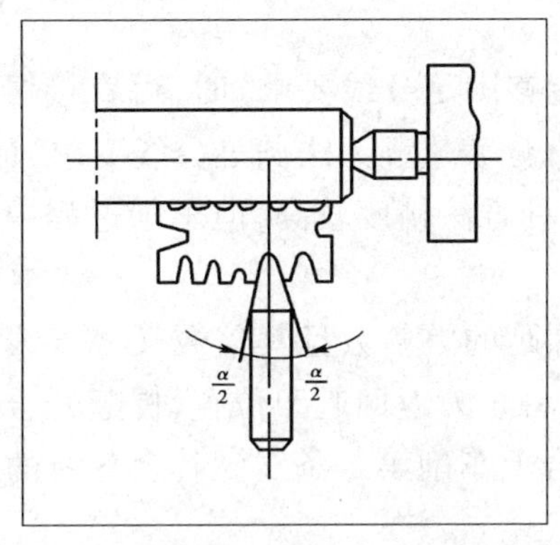

图 6-22 梯形螺纹对刀

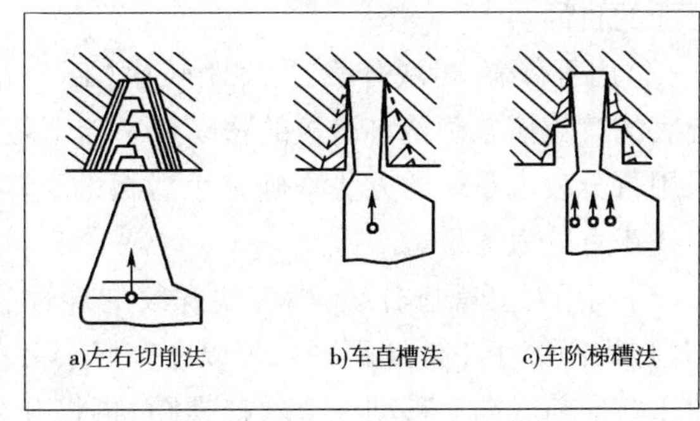

图 6-23 低速车削梯形螺纹方法

❶ 梯形外螺纹的车削

(1)螺距小于 4mm 和精度要求不高的工件，可用一把梯形螺纹车刀，并用少量的左右切削法车削。

(2)螺距大于 4mm 和精度要求高的梯形螺纹，一般采用直槽法，分刀车削，先用车槽刀车出螺旋槽，再用梯形车刀进行车削。具体做法如下：

①车梯形螺纹时，螺纹大径留 0.3mm 左右余量，且倒角与端面成 15°。

②选用刀头宽度稍小于槽底宽的车槽刀，粗车螺纹(每边留 0.25 ~ 0.35mm 的余量)。

③用梯形螺纹车刀采用左右切削法车削梯形螺纹牙型两侧面，每边留 0.1 ~ 0.2mm 的精车余量，并车准螺纹小径尺寸。

④精车大径至图样要求。

⑤选用梯形螺纹精车刀，采用左右切削法完成螺纹加工。

❷ 梯形内螺纹的车削

梯形内螺纹的车削与车削三角形螺纹基本相同。车削梯形内螺纹时，进给尝试易掌握，可先车准螺纹孔径尺寸，然后粗车。精车时应不进给车削 2 ~ 3 次，以消除刀杆的弹性变形，保证螺纹的精度要求。

三、多线螺纹的车削

1 相关工艺知识

由两条或两条以上的轴向等距分布的螺旋线所形成的螺纹称为多线(多头)螺纹。多线螺纹每旋转一周时，能移动几倍的螺距，它多用于快速机构中。在卧式车床上车削多线螺纹是目前常用的加工方法之一。

2 多线螺纹的分线方法

❶ 轴向分线法

(1)利用小滑板刻度分线:利用小滑板的刻度值掌握分线时将刀移动的距离。即车好一条螺旋槽后,利用小滑板刻度使车刀移动一个螺距的距离,再车相邻的一条螺旋槽,从而达到分线的目的。

(2)用百分表、量块分线:当螺距较小(百分表量程能够满足分线要求)时,可直接根据百分表的读数值来确定小滑板的移动量。当螺距较大(百分表量程无法满足分线要求)时,应采用百分表加量块的方法来确定小滑板的移动量。这种方法精度较高,但车削过程中须经常找正百分表零位。

(3)利用对开螺母分线:当多线螺纹的导程为丝杠螺距的整倍数且其倍数又等于线数(即丝杠螺距等于工件螺距)时,可以在车好第一条线后,将车刀返回起刀位置,提起开合螺母使床鞍向前或向后移动一个丝杠螺距,再将开合螺母合上车削第二条线。其余各线的分线车削依次类推。

❷ 圆周分线法

(1)利用交换齿轮的齿数分线:双线螺纹的起始位置在圆周上相隔180°,三线螺纹的三个起始位置在圆周上相隔120°,因此多线螺纹各线起始点在圆周线上的角度 a 等于360°除以螺纹线数,也等于主轴交换齿轮齿数除以螺纹线数。当车床主轴交换齿轮齿数为螺纹线数的整倍数时,可在车好第一条螺旋槽后停车,以主轴交换齿轮啮合处为起点将齿数作 n(线数)等分标记,然后使交换齿轮脱离啮合,用手转动卡盘至第二标记处重新啮合,即可车削第二条螺旋线,依次操作能完成第三、第四乃至 n 线的分线。分线时,应注意开合螺母不能提起,齿轮必须向一个方向转动,这种分线方法分线精度较高(决定于齿轮精度)。但操作麻烦,且不够安全。

(2)利用三瓜自定心卡盘和四瓜单动卡盘分线:当工件采用两顶尖装夹,并用三爪自定心卡盘或四爪单动卡盘代替拨盘时,可利用三瓜自定心卡盘、四爪单动卡盘分线。但仅限于二、四线(四爪单动卡盘)和三线(三爪自定心卡盘)螺纹。即车好一条螺旋线后,只需松开顶尖,把工件连同鸡心夹转过一个角度,由卡盘上的另一只卡爪拨动,再顶好后顶尖,就可车另一条螺旋槽。这种分线方法比较简单但精度较差。

(3)利用多孔插盘(分度盘)分线:分度盘固定在车床主轴上,盘上有等分精度很高的定位圆柱孔(一般以12个孔为宜,它可以分2、3、4、6及12线的螺纹),被加工零件用鸡心夹头在两顶尖间装夹,车好第一条螺旋槽后,使工件转过一个所需要的角度,把定位锁插入另一个定位孔,然后再车第二条螺旋槽,这样依次分线。如分度盘为12个孔,车削三线螺纹时,每转过四个孔分一个线。这种方法的分线精度取决于分度盘精度,分度盘分度孔可用精密镗床加工,因此可获得较高的分线精度。用这种方法分线操作简单,制造分度盘较麻烦,一般用于批量较大的多线螺纹的车削。

3 多线螺纹的车削步骤

多线螺纹车削时必须注意,不能把一条螺旋槽全部车好后,再车另外的螺旋槽。车削时应按下列步骤进行：

(1)粗车第一条螺旋槽，记住中滑板和小滑板的刻度。

(2)进行分线，粗车第二、第三条……螺旋槽。用圆周分线法时，中滑板和小滑板的刻度应与车第一条螺旋槽时相同。如果用轴向分线法，中滑板刻度与车第一条螺旋槽时相同，小滑板应精确移动一个螺距。

(3)按上述方法精车各条螺旋槽。

采用轴向进给方式车削多线螺纹时，为了保证等距精度，必须特别注意车削每一条螺旋槽时的车刀沿工件轴线方向的移动量应相等。

4 车多线螺纹时应注意的几个问题

(1)多线螺纹的螺距必须相等、每条螺纹的牙型角、中径处的螺距要相等、多线螺纹的小径应相等。

(2)分线精度直接影响多线螺纹的配合精度，多线螺纹的分线方法较多，选择分线方法的原则是：既要简便、操作安全，又要保证分线精度，还应考虑加工要求、产品数量及机床设备条件等因素。

(3)车削多线螺纹应按导程交换齿轮。

(4)车削步骤要协调，应遵照“多次循环分线，依次逐面车削”的方法加工。

任务实施

一、梯形螺纹车刀的刃磨

梯形螺纹车刀的刃磨如图 6-24 所示。

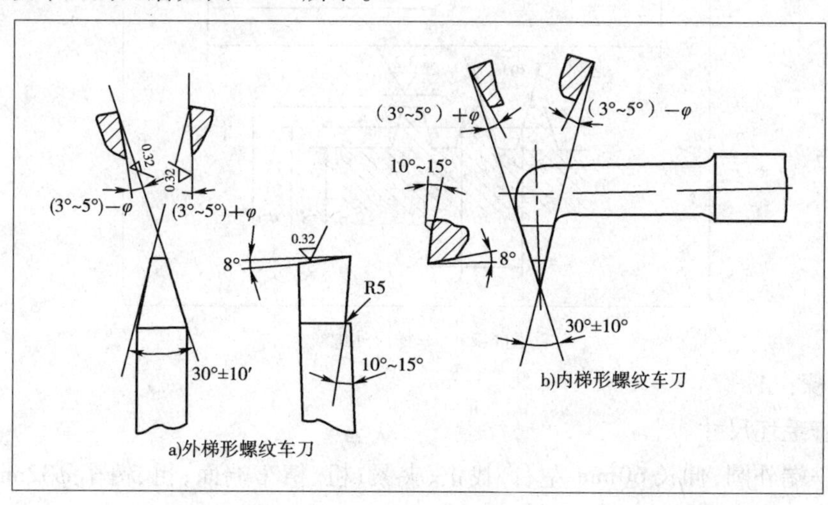

图 6-24 梯形螺纹刀

操作步骤：

(1)粗磨主、副后刀面，初步形成刀尖角。

(2)粗、精磨前刀面，形成前面。

(3)精磨主、副后刀面；用样板检查、修正刀尖角。

(4)用油石研磨车刀。

操作注意事项：

(1)使用砂轮机时应注意安全。

(2)刃磨两侧后角时，要考虑螺纹的旋向和螺旋升角的大小，然后确定两侧后角大小。

(3)刃磨高速钢车刀时，应随时放入水中冷却，以防退火而失去硬度。

二、车梯形外螺纹

车梯形外螺纹如图 6-25 所示。

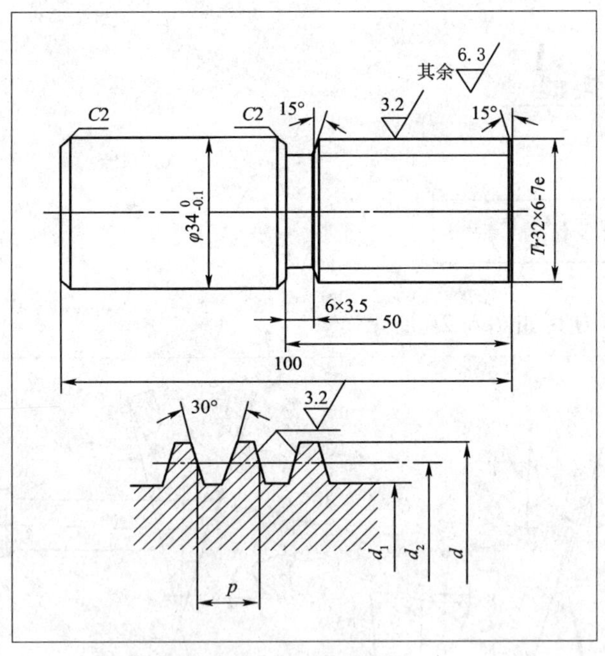

图 6-25　车梯形外螺纹

操作步骤：

(1)检查毛坯尺寸。

(2)夹一端外圆，伸长 60mm 左右，找正、夹紧；粗、精车端面；粗、精车 ϕ32mm 外圆至尺寸要求，长 50mm。

(3)车槽 6 ×3.5mm。

(4)ϕ32mm 圆柱倒斜角 15°;粗车 T_r32 ×6 −7e。

(5)精车 T_r32 ×6 −7e 至要求。

(6)倒角 C2;去毛刺。

(7)第二次练习同上面步骤。

任务实施

三、车梯形内螺纹

车梯形内螺纹如图 6-26 所示。

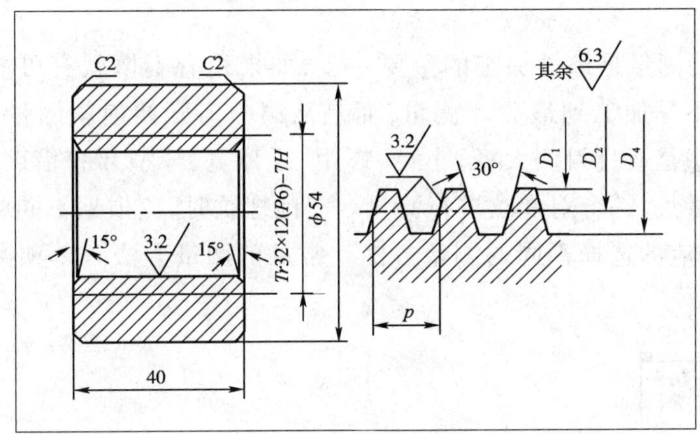

图 6-26　车梯形内螺纹

操作步骤:

(1)检查毛坯尺寸。

(2)夹一端外圆,伸长 55mm 左右,找正、夹紧;车端面;车圆柱,ϕ54mm,长 41;倒角 C2;切断。

(3)将切断后的工件伸出 10mm 左右,找正、夹紧。车端面,保证长度 40mm。

(4)钻孔 ϕ28mm,粗、精车 ϕ30mm 内孔至尺寸要求。

(5)孔口倒斜角 15°,粗车 T_r36 ×6 −7H。

(6)精车 T_r32 ×6 −7H 至图样要求。

(7)掉头找正装夹、倒角 C2,去毛刺。第二次练习同上面步骤。

操作注意事项:

(1)装夹刀角度要正。

(2)尽可能利用刻度盘控制退刀,以防刀杆与孔壁相碰。

(3)车削工件材料为铸铁时,螺纹容易产生局部碎裂,用直进法时背吃刀量不能太深。

(4)车削时应注意消除刀杆的弹性变形。

任务五　螺纹的测量

1. 学习影像法测量螺纹。
2. 学习螺纹中径的测量。

三角形螺纹的测量是螺纹加工的重要一步,如果稍有不慎就有可能前功尽弃。因此在螺纹加工中不是加工到最后才测量,而是从第一刀开始前就测量螺距是否正确。在整个加工过程中是通过目测大径、小径、螺距、牙顶宽、牙型牙和借助游标卡尺、千分尺和螺纹环规等量具,综合对螺纹进行测量。车削螺纹时,应根据不同的质量要求和生产批量的大小,相应的选择不同的测量方法。常见的测量方法有单项测量法和综合测量法两种。

一、单项测量法

1 螺纹大径的测量

螺纹的大径有较大的公差,一般可用游标卡尺或外径千分尺测量。

2 螺距的测量

螺距一般可用金属直尺或螺距规进行测量,如图 6-27 所示。当车螺纹时,操作者一般第一刀车削时,背吃刀量很少,目的就是为了测量螺纹的螺距是否正确,如正确就可以继续车削,如不正确就可以马上调整手柄位置,将螺距手柄位置摆正确后继续车削。这时,一般都是用金属直尺放在很浅的螺纹表面上进行测量。用金属直尺测量螺距,最好测量 5 个或多个牙的螺距(或导程),然后取其平均值,以求得较精确的螺距数值。用螺距规测量时,如果螺距规上的牙型能和工件牙型一致,则被测量螺纹的螺距是合格。

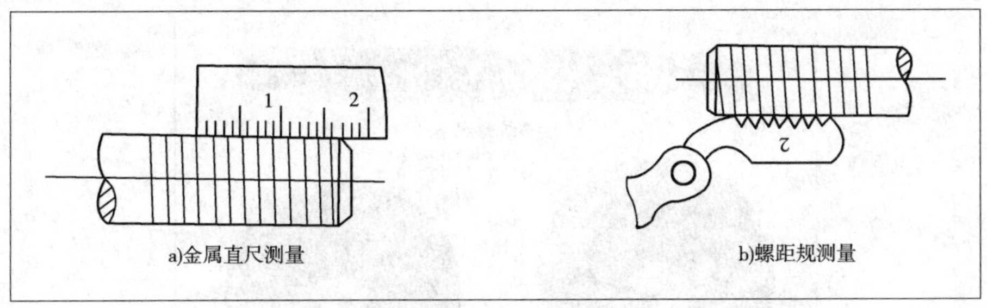

图 6-27　螺距的测量

3 中径的测量

三角形螺纹的中径可用螺纹千分尺来测量，如图 6-28 所示。它的使用方法与外径千分尺相似。它有两个可以调换的测量触头，测量时，根据螺纹牙型角和螺距的不同调换上相应的一对测量触头，将 V 形触头卡在牙型上，把锥形触头放到槽中，这时所测量得到的尺寸就是螺纹中径的实际尺寸。

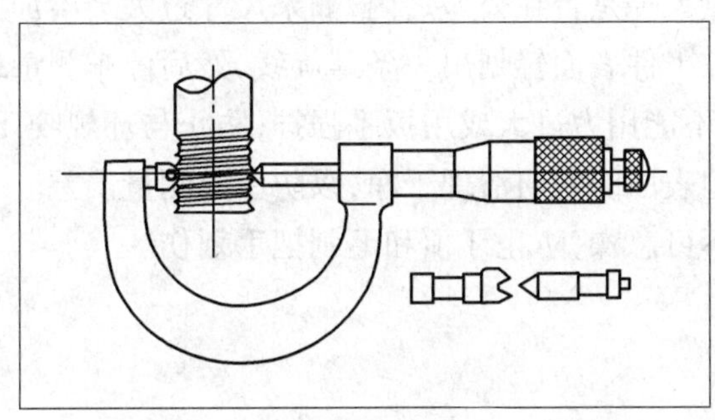

图 6-28　用螺纹千分尺来测量中径

注意

螺纹千分尺在更换测量触头后，必须重新校对千分尺的零位。

二、综合检验法

综合检验法是用螺纹测量规对螺纹各基本要素进行综合性检验，螺纹量规包括螺纹塞规和螺纹环规，螺纹塞规用来检验内螺纹，螺纹环规用来检验外螺纹，如图 6-29 所示。它们分别有通规和止规，在测量时通规要全部拧进去，而止规拧不进去，说明螺纹精度符合要求，若通规拧不进去，止规拧进，或通规与止规同时拧进去，则螺纹不符合要求。

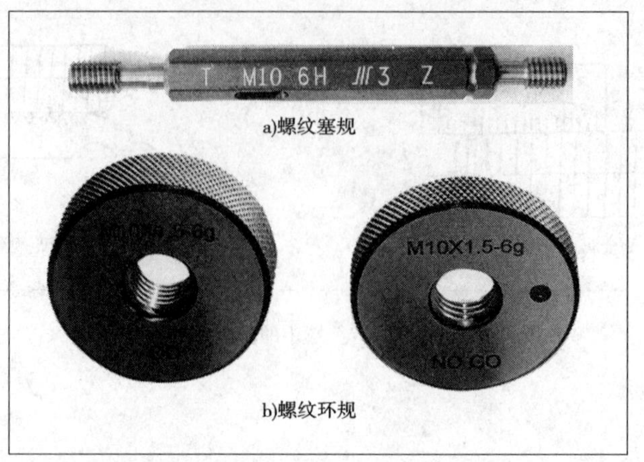

图 6-29 螺纹环规和螺纹塞规

三、注意事项

(1)螺纹加工前测量大径是否在公差之内,如果尺寸过大会给加工测量带来困难。

(2)正式车削前要在工件表面轻划出一条螺旋线,然后停车测量螺距是否正确。

(3)用环规检查时,不能用力过大或用扳手强拧,防止与环规咬死。

(4)测量时要把牙型表面的铁屑清理干净,以防引起测量误差。

(5)测量时要稳重不可急躁,防止牙顶和毛刺把手划伤。

思考题

一、填空题

1. 螺纹常用的测量方法有__________和__________。

2. 螺纹的基本要素包括__________、__________、__________、__________、__________等。

3. 螺纹按旋向分类一般可分为__________和__________两种。

4. 我国常采用的梯形螺纹牙牙型角为__________度。

二、简答题

1. 车螺纹有哪些注意事项?

2. 如何避免车螺纹时"乱扣"现象产生?

3 刃磨螺纹车刀时应注意哪些事项?

4. 车螺纹时车床的调整步骤有哪些?

5. 多线螺纹的分线方法有哪些?

项目七 Chapter

车削偏心工件

在机械传动中,把回转运动变成直线运动或把直线运动变成回转运动,一般都是用偏心轴或曲轴来完成的。例如汽车发动机中的曲轴和偏心轴带动润滑油泵等。外圆和外圆偏心的工件称为偏心轴,如图 7-1a)所示。内孔和外圆偏心的工件称为偏心套,如图 7-1b)所示。两轴线之间距离称为偏心距。不论是偏心轴还是偏心套其车削原理基本相同,即将偏心部分的轴线调整到和主轴轴线重合的位置上再进行加工。车削方法有:三爪自定心卡盘车削、四爪单动卡盘车削、两顶尖间车削、偏心卡盘车削、双重卡盘车削及专用偏心夹具上车削等几种方法。在本书中,主要介绍前两种方法。

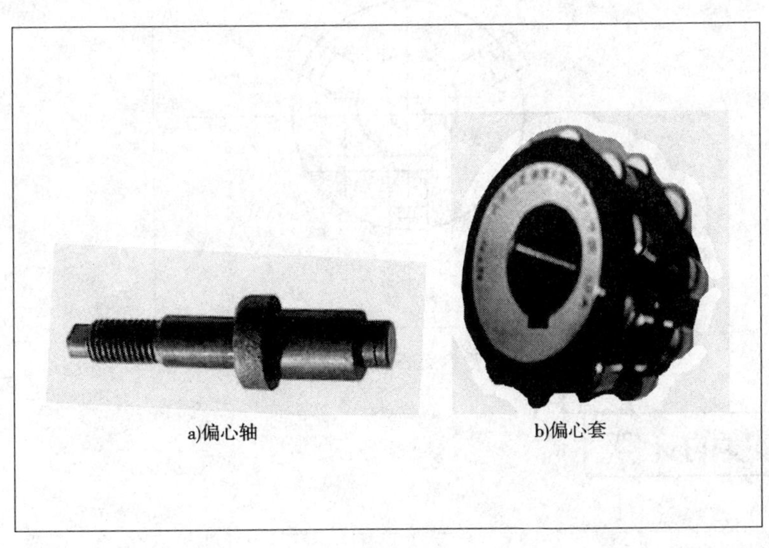

a)偏心轴　b)偏心套

图 7-1　偏心件

任务一　在三爪自定心卡盘上车削偏心工件

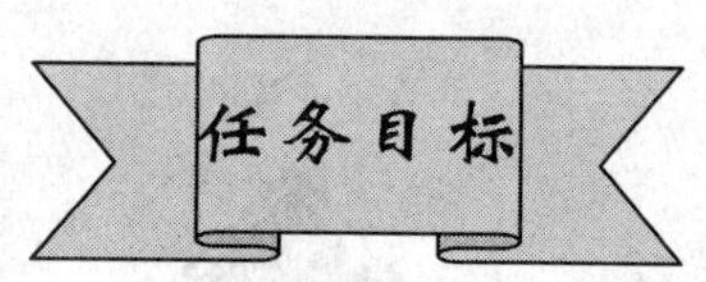

1. 掌握在三爪自定心卡盘车削偏心工件的方法。
2. 掌握垫片厚度的计算。
3. 了解偏心距的测量和检验方法。

一、车削原理与方法

对于长度较短、形状比较简单且加工数量较多的偏心工件，可以在三爪自定心卡盘上进行车削。

其方法是在三个卡爪中的任意一个卡爪与工件接触面之间，垫上一块预先选好的垫片，使工件轴线相对车床主轴轴线产生位移，并使位移距离等于工件的偏心距，如图 7-2 所示。

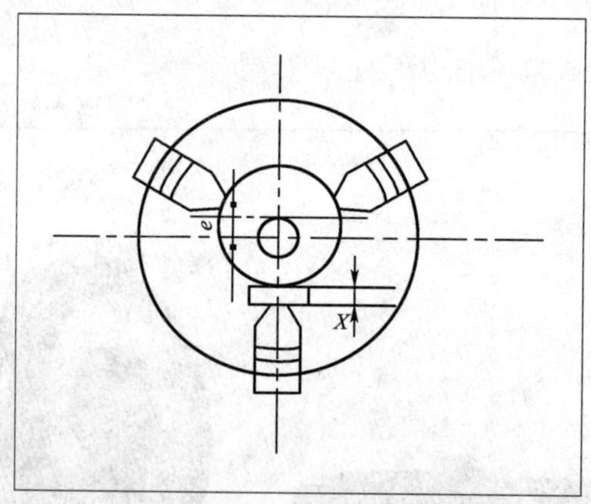

图 7-2　在三爪自定心卡盘上装夹车偏心工件

二、垫片厚度的计算

1 垫片厚度计算公式

垫片厚度 X（图 7-2）可按下列公式计算：

$$X = 1.5e \pm K$$

$$K \approx 1.5\Delta e$$

式中：X——垫片厚度，mm；

e——偏心距，mm；

k——偏心距修正值，正负值可按实测结果确定，mm（实测偏心距比工件要求的大，则垫片厚度的正确值应减去修正值；如果实测偏心距比工件要求的小，则垫片厚度的正确值应加上修正值）；

Δe——试切后，实测偏心距误差，mm。

2 举例

例如：采用在三爪自定心卡盘加垫片的方法车削偏心距 $e = 3$mm 的偏心工件，试切后测得偏心距为 3.06mm，计算垫片厚度 X。

解：先暂时不考虑修正值，初步计算垫片的厚度：

$$X = 1.5e = 1.5 \times 3\text{mm} = 4.5\text{mm}$$

垫入厚度为 4.5mm 的垫片进行试切削，然后检查其实际偏心距是 3.06mm，那么其偏心距误差为：

$$\Delta e = 3.06\text{mm} - 3\text{mm} = 0.06\text{mm}$$

$$K \approx 1.5\Delta e = 1.5 \times 0.06\text{mm} = 0.09\text{mm}$$

由于实测偏心距比工件要求的大，则垫片厚度的正确值应减去修正值，即

$$X = 1.5e - K = 1.5 \times 3\text{mm} - 0.09\text{mm} = 4.41\text{mm}$$

三、校正偏心

（1）首先将工件车成一根光轴，直径为 D，长为 L，使工件两平面与轴线垂直。

（2）找出误差最小的卡爪，将工件加垫片后适当夹紧，百分表置于中滑板上（或床鞍上）适当位置，使百分表对准工件外圆上的侧素线（百分表压力头应与工件素线方向垂直），移动床鞍，检查侧素线是否水平，若不呈水平，可用铜棒轻轻敲击进行调整，敲击工件使 A、B 两点表针一致，如图 7-3 所示。再将工件转过 90°并校正另一条侧素线，如此反复校正和调整，直至使两条侧素线均呈水平（此时偏心圆的轴线与基准圆轴线平行），又使偏心圆轴线与车床主轴线重和为止。

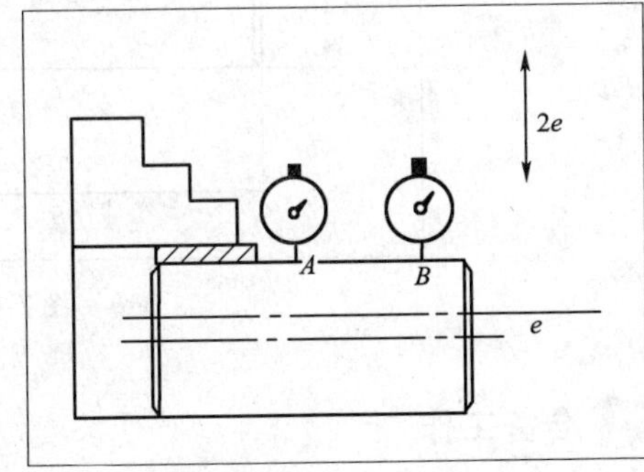

图 7-3 用百分表找正偏心工件

（3）将百分表测杆触头垂直偏心工件的基准轴外圆，用手缓慢转动卡盘，使工件转过一周，百分表指示处最大值和最小值的一半即为偏心距，使偏心距在图样允许范围内，再进行车削。

四、注意事项

在三爪自定心卡盘上车削偏心工件时应注意以下几点：

(1)工件装夹后，需要百分表找正工件的上素线和侧面素线，使偏心轴线与基准轴线平行。

(2)选用硬度较高的材料作为垫片，以防止在装夹时发生变形。

(3)卡爪表面应平整，并与主轴轴线平行，不能呈锥形，以防工件装夹不牢固，在车削时弹出伤人。

(4)第一件加工结束后，应对垫片接触的卡爪做记号，以便在加工以后工件时，使垫片始终接触同一卡爪，防止因垫片与卡爪接触不一致造成偏心距误差。

任务实施

车削偏心轴，如图7-4所示。

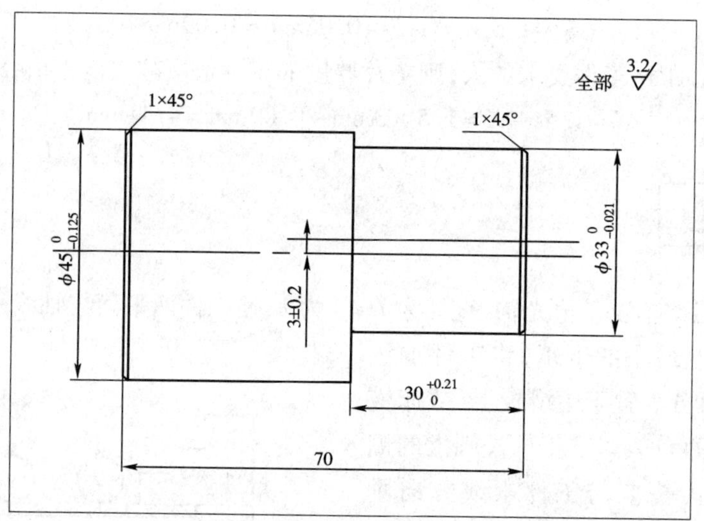

图7-4　车削偏心轴

1 准备工作

工具：偏心垫片、磁力表座、小铜锤、铜皮0.1mm、百分表0~5mm

材料：45钢 ϕ45mm×100mm

2 图样分析

(1)该工件为一偏心轴，其基准外圆为 $\phi 45_{-0.125}^{\ 0}$ mm，偏心外圆为 $\phi 33_{-0.021}^{\ 0}$ mm；

(2)工件总长70mm，偏心距3 ± 0.2 mm，偏心外圆长 $30_{0}^{+0.21}$ mm；

(3)表面粗糙度为 $Ra3.2\mu m$,倒角为 $1\times45°$。

3 车削步骤

(1)装夹毛坯外圆,校正后,车外圆至 $\phi50mm$;

(2)工件调头夹 $\phi50mm$,校正夹紧;

(3)粗车外圆至 $\phi40mm$,长 $30^{+0.21}_{0}$ mm;

(4)粗、精车外圆至 $\phi45^{0}_{-0.125}$ mm,并倒角 $1\times45°$;

(5)切断工件,保证工件总长 70mm;

(6)夹工件外圆 $\phi45^{0}_{-0.125}$ mm,长 30mm 左右,垫垫片使偏心距 $e=3\pm0.2$ mm,车偏心外圆为 $\phi33^{0}_{-0.021}$ mm,长 $30^{+0.21}_{0}$ mm,并倒角 $1\times45°$;

(7)检测偏心距。

4 注意事项

(1)装夹时工件轴线不能歪斜,否则会影响加工质量。

(2)垫片与卡爪接触的一面应做成与卡爪圆弧相同的圆弧面,否则,接触面将会产生间隙,造成偏心距误差。

(3)由于工件装夹偏心后,刚开始车削时,工件作偏心回转。两边的切削量相差很多,车刀应远离工件后再起动车床,然后,车刀刀尖从偏心的最高点逐步切入工件进行车削,切削用量不宜太大,以免在车削过程中,使偏心距移位而产生事故。

任务二 在四爪单动卡盘上车削偏心工件

1. 掌握在四爪单动卡盘上车削偏心工件的方法。
2. 掌握偏心工件的划线方法和步骤。
3. 掌握偏心距的找正方法和检查方法。

一、在四爪单动卡盘上车偏心件的特点和方法

当工件数量少,长度较短,不便于在两顶尖上装夹时,可装夹在四爪单动卡盘上加工。加工方法:

(1)将工件找正并装夹在四爪单动卡盘上。

(2)工件经校准后,将卡盘的四爪再紧一遍,即可进行切削。

(3)切削偏心工件时切削速度不能太大。刚开始切削时,背吃刀量要小,进给量要小,待工件车圆后,再适当增加切削用量,如图 7-5 所示。

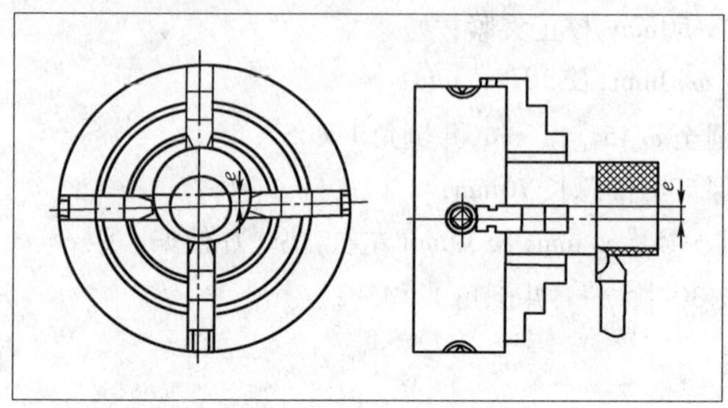

图 7-5　在四爪单动卡盘上车偏心工件的方法

(4)在开始车偏心工件时,由于两边的切削量相差很多,车刀应先远离工件后再起动主轴,然后车刀刀尖从偏心的最外一点逐步切入工件进行车削,这样可以避免事故的发生。

二、偏心工件的划线方法

偏心轴的划线步骤如下:

(1)先将工件毛坯车成一根光轴,直径为 D,长为 L,如图 7-6 所示。使两端面与轴线垂直(如误差大,影响找正精度)。然后在轴的两端面和四周外圆上涂一层显示剂,待干后将其放在平板上的 V 形铁中。

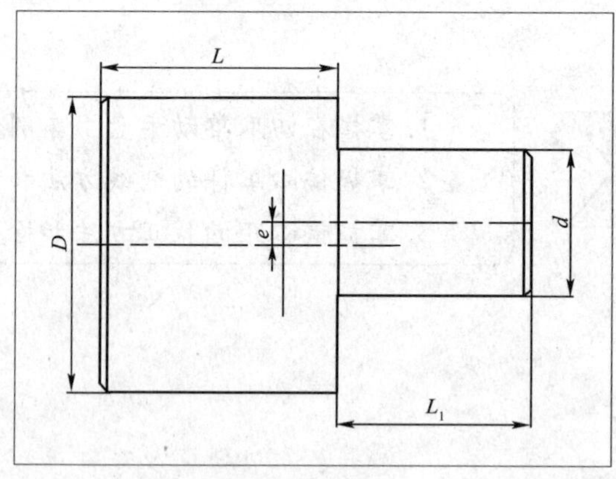

图 7-6　偏心轴

(2)采用高度游标卡尺划针尖端测量光轴的最高点,如图 7-7 所示,并记下其读数,再把高度游标卡尺的游标下移工件实际测量直径尺寸的一半,并在工件 A 端面轻移动划出一条水平线,然后将工件转过 180°,仍用刚才调整的高度,再在 A 端面轻划另一条水平线。检查前、后两条线是否重合,若重合,即为此工件的水平轴线,若不重合,则须将高度游标卡尺进行调整,游标下移量为两平行线间距离的一半。如此反复,直至使二线重合为止。

(3)找出工件的轴线后,即可在工件的端面和四周划圈线。

(4)将工件转过90°,用90°角尺对齐已划好的端面线,然后再用刚才调整好的高度游标卡尺在轴端面和四周划一道圈线,这样在工件上就得到两道互相垂直的圈线了。

(5)将同高度游标卡尺的游标上移一个偏心距尺寸,也在轴端面和四周划上一道圈线。

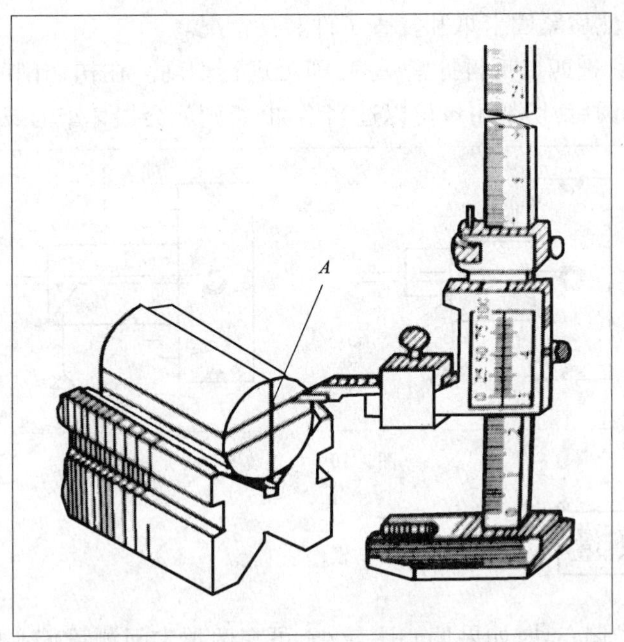

图7-7 高度游标尺划线

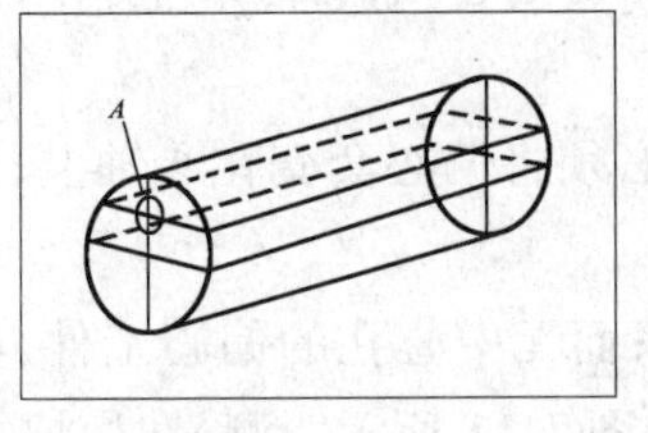

图7-8 划偏心

(6)偏心距中心线划出后,在偏心距中心处两端分别打样冲眼,要求敲打样冲眼的中心位置准确无误,眼坑宜浅,且小而圆。

(7)依样冲眼先划出一个偏心圆,同时还须在偏心圆上均匀地、准确无误地打上几个样冲眼,以便找正,如图7-8所示。

三、偏心工件的装夹、找正

偏心工件的装夹、找正如图7-9所示。找正步骤是:

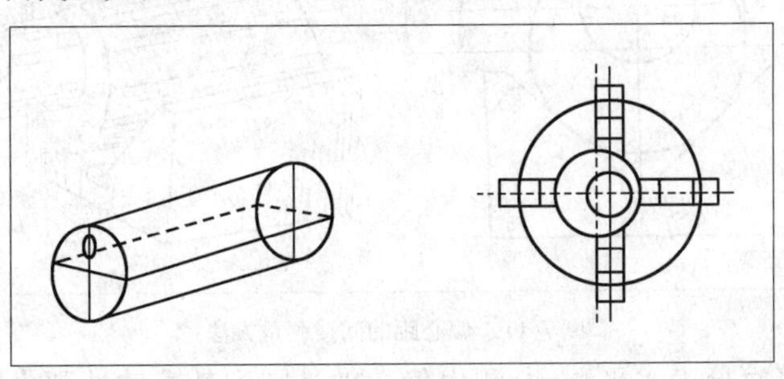

图7-9 偏心件的找正

(1)划好线的工件装夹在四爪单动卡盘上。在装夹时，先调节卡盘的两卡爪，使其呈不对称位置，另两卡爪成对称位置，工件偏心圆线在卡盘中央，如图7-9所示。

(2)床面上放好小平板和划针盘，针尖对准偏心圆线，校正偏心圆。然后把针尖对准外圆水平线，如图7-10所示，自左至右检查水平线是否水平。把工件转动90°，用同样的方法检查另一条水平线，然后紧固卡爪和复查工件装夹情况。

(3)工件校准后，把四卡爪再拧紧一遍，即可进行切削。在初切削时，进给量要小，背吃刀量要小，待工件车圆后，切削用量可以适当增加，否则就会损坏车刀或使工件移位。

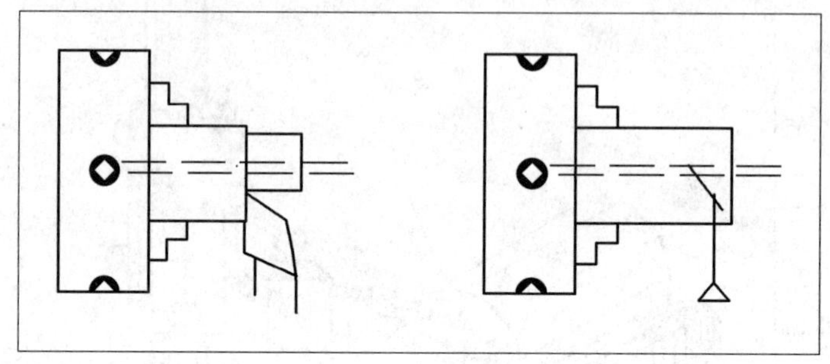

图7-10　找正装夹

四、偏心距的测量

两端有中心孔的偏心轴，如果偏心距较小，可在两顶尖间测量偏心距。测量时，把工件装夹在两顶尖之间，百分表的测头与偏心轴接触，用手转动偏心轴，百分表上指示出的最大值和最小值之差的一半就等于偏心距。

偏心套的偏心距也可采用类似上述方法来测量，但必须将偏心套套在心轴上，再在两顶尖间测量。

偏心距较大的工件，会受到百分表测量范围的限制；而无中心孔的偏心工件，则不能采用上述方法测量，这时可采用间接测量偏心距的方法，如图7-11所示。测量时，把V形架放在平板上，工件放在V形架中，转动偏心轴，用百分表测量出偏心轴的最高点，找出最高点

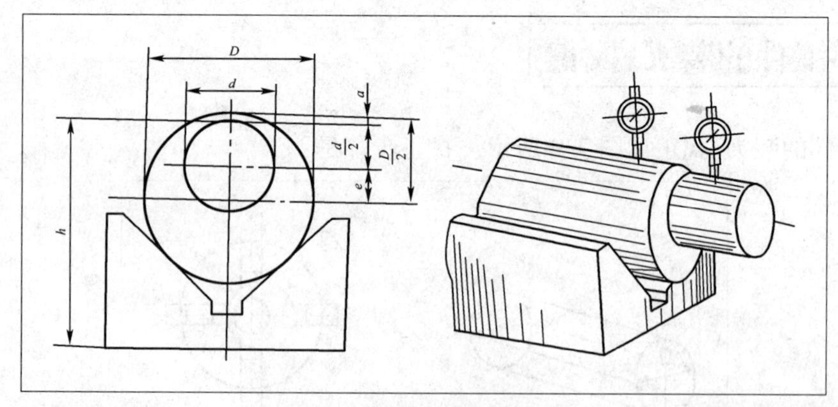

图7-11　偏心距的间接测量方法

后，把工件固定，再将百分表水平移动，测出偏心轴外圆到基准轴外圆之间的距离，然后用下式计算出偏心距e，即

$$e = D/2 - d/2 - a$$

式中：D——基准轴直径，mm；

d——偏心轴直径，mm；

a——基准轴外圆到偏心轴外圆之间的最小距离，mm。

采用上述方法时，必须把基准轴直径和偏心轴直径用千分尺测量出正确的实际值，否则计算时会产生误差。

任务实施

用四爪单动卡盘车图7-12所示的偏心套。

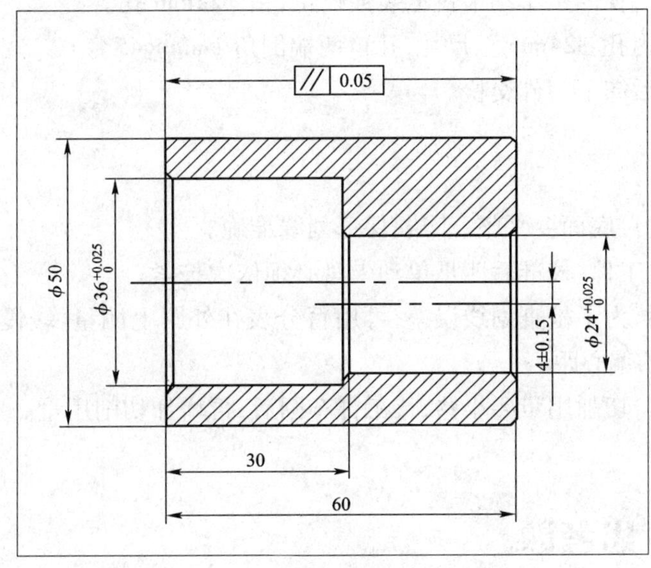

图7-12 偏心套

1 准备工作

设备：CA6140车床。

工具：硬质合金90°偏刀、45°偏刀、切断刀、内孔车刀、ϕ34mm麻花钻、ϕ22mm麻花钻。

量具：游标卡尺、千分尺、百分表。

2 图样分析

（1）工件总长为60mm，偏心距$e = 4 \pm 0.15$ mm. 基准内孔为$\phi 36^{+0.025}_{0}$ mm，偏心内孔为$\phi 24^{+0.025}_{0}$mm，长为30mm。

（2）根据图样要求，无法在一次装夹中保证平行度，只能先完成左端面与外圆的切削，保证左端面与外圆轴线的垂直度，再调头用百分表校正外圆，车削右端面，保证两端面的平行度要求。

(3)两孔轴线偏心距为 4 ± 0.15mm,这也是小孔轴线对外圆轴线的偏心距,因此要在一次装夹中完成大孔与外圆的车削。

3 车削步骤

(1)用四爪单动盘卡夹住外圆校正、夹紧。工件伸出 65mm。

(2)粗车削端面及外圆 ϕ50mm,长为 62mm;钻孔 ϕ34mm,长为 30mm,长度应包括钻尖。

(3)粗、精车内孔 ϕ36mm,至尺寸要求。

(4)精车削端面及外圆 ϕ50mm,长为 62mm,至尺寸要求。

(5)外圆、孔口倒角 $C1$,切断工件,控制长度为 62mm。

(6)调头装夹外圆并校正,控制总长度为 60mm 及平行度至尺寸要求,倒角 $C1$。

(7)在工件上划线,并在线上打样冲眼。

(8)按划线要求,在四爪单动卡盘上装夹校正,钻 ϕ22mm 孔。

(9)粗、精车削内孔 ϕ24mm 至尺寸,孔口两端倒角 1mm × 45°。

(10)检查合格后卸下工件交检。

4 注意事项

(1)平板及高度尺底面要平整、清洁、保证划线准确。

(2)装夹并校正工件,校准后四爪单动卡盘必须依次拧紧。

(3)工件装夹后,为了检查划线误差,可用百分表在外圆上测量,缓慢转动工件,观察其跳动量是否为 2 倍的偏心距。

(4)开始切削时,切削用量要小些,待工件车圆后,再增加切削用量。

思考题

1. 车削偏心工件有哪几种方法?各适用什么情况?

2. 用三爪自定心卡盘车削偏心工件时,垫片厚度如何计算?

3. 在四爪单动卡盘上车削偏心工件如何进行划线找正?

项目八 综合训练

1. 通过综合练习，进一步巩固外圆、端面、台阶、沟槽、内孔及锥度和三角形螺纹车削的基本操作技能。并且能加工简单的配合件。

2. 能根据零件精度的不同要求，正确选择、使用不同的量具，合理地选择切削用量。

3. 能够独立加工，生产出合格产品。

4. 注意文明生产，养成良好的习惯。

任务实施

按要求加工工件。

一、车轴类多尺寸大锥面的工件

加工如图 8-1 所示的工件。

1 加工步骤

(1) 先车平端面，然后工件伸出长度 70 ~ 80mm，将工件夹紧；

(2) 粗车 ϕ48mm、ϕ47mm、ϕ40mm 台阶，外圆和长度各留加工余量 1mm；

(3) 精车 ϕ48mm、ϕ47mm、ϕ40mm，车至图样要求并倒角；

(4)切槽 ϕ36mm × 6mm;

(5)转动小滑板,根据锥度大小端尺寸,车至图样要求;

(6)把角倒钝并修整圆弧;

(7)切断;

(8)调头平端面倒角;

(9)将工件卸下进行检验。

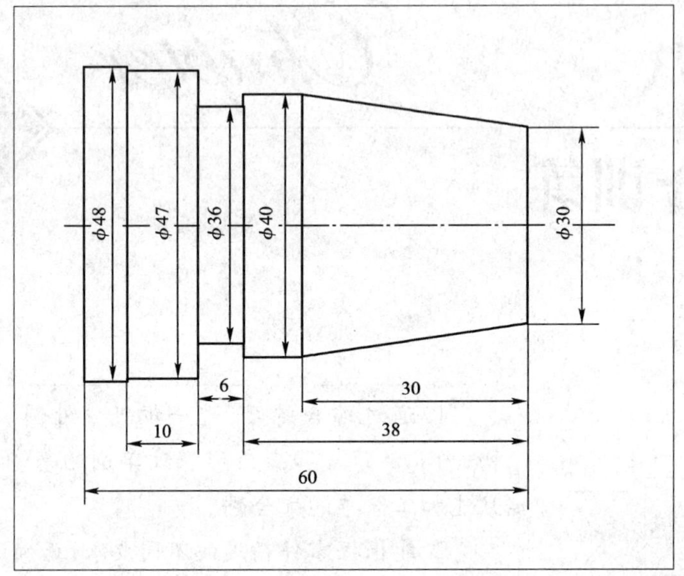

图 8-1 车轴类多尺寸大锥面的工件

2 切削参数的确定

❶ 粗加工时切削用量的选择

(1)转数 n = 350 ~ 400r/min;

(2)背吃刀量(切削深度)a_p = 2.5 ~ 3mm;

(3)进给量(走刀量)f = 0.2 ~ 0.35mm;

(4)槽加工时参照切槽时的加工用量。

❷ 精加工时切削用量的选择

(1)转数 n = 500 ~ 800r/min;

(2)背吃刀量(切削深度)a_p = 0.1 ~ 0.5mm;

(3)进给量(走刀量)f = 0.03 ~ 0.08mm。

二、车轴类两端螺纹的工件

加工图 8-2 所示的工件。

1 加工步骤

(1)车平端面并车准总长 150mm,车出 ϕ38mm × 15mm 工艺台并钻出两端中心孔;

(2)用一夹一顶的方法夹住工艺台处并夹紧;

(3)粗车 ϕ42mm、ϕ35mm、ϕ24mm 台阶长度和外圆,各留加工余量 1mm;

(4)精车 ϕ42mm、ϕ35mm、M24,车至要求并倒角;

(5)小滑板转过圆锥半角($\alpha/2$),粗、精车圆锥表面至图样要求;

(6)车出 5 ×2mm 退刀槽;

(7)粗精车 M24 螺纹至要求;

(8)把角倒钝;

(9)卸下工件,调头加工另一面;

(10)用一夹一顶的方法夹住 ϕ35mm 处,并垫铜皮,按上述方法进行加工另一面。

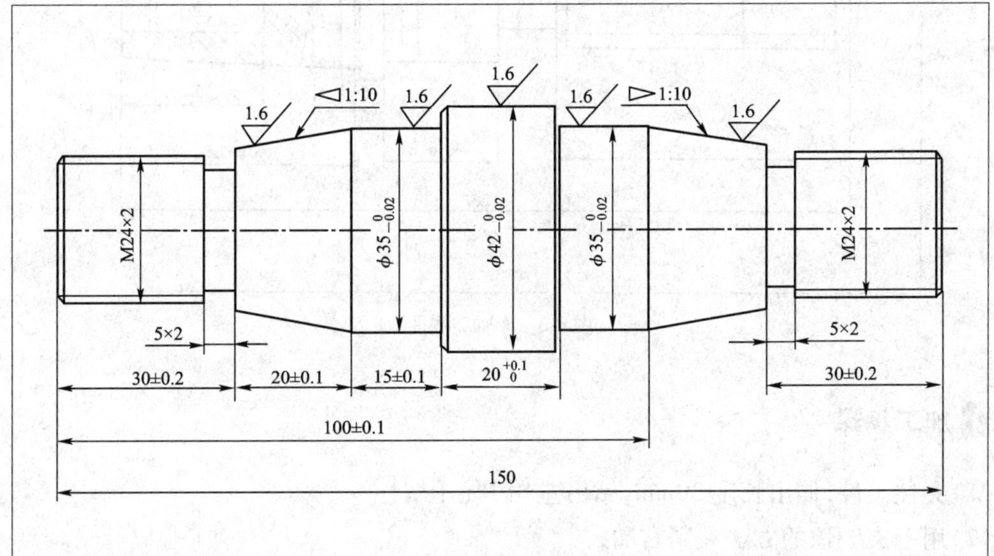

图 8-2 车轴类两端螺纹的工件

2 切削参数的确定

❶ 粗加工时切削用量的选择

(1)转数 n = 350 ~ 400r/min;

(2)背吃刀量(切削深度)a_p = 2.5 ~ 3mm;

(3)进给量(走刀量)f = 0.2 ~ 0.35mm;

(4)加工螺纹时,参照切削螺纹的切削用量。

❷ 精加工时切削用量的选择

(1)转数 n = 500 ~ 800r/min;

(2)背吃刀量(切削深度)a_p = 0.1 ~ 0.5mm;

(3)进给量(走刀量)$f=0.03\sim0.08$mm。

三、车轴类零件

加工图 8-3 所示的工件。

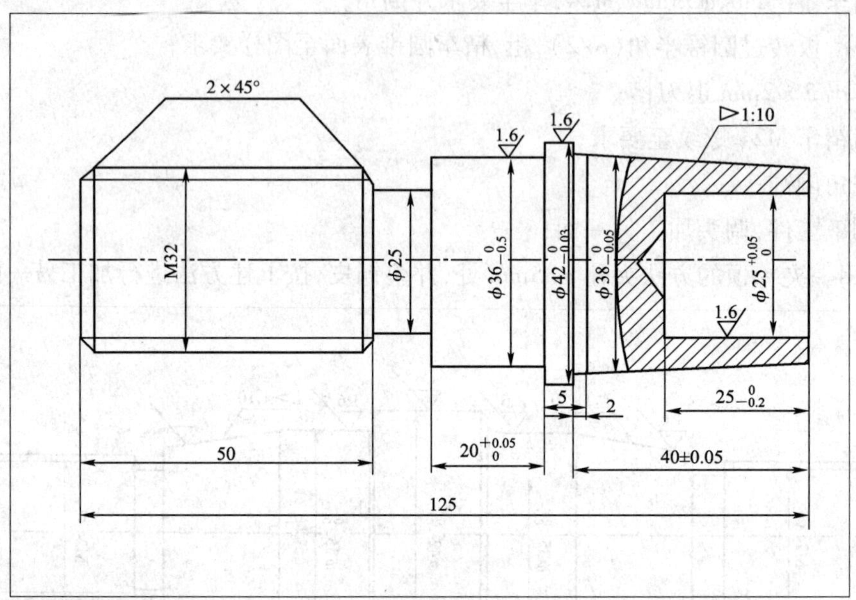

图 8-3　车轴类零件

1 加工步骤

(1)夹住工件,伸出长度 30mm,钻出左端中心孔;

(2)用一夹一顶的方法夹紧右端;

(3)粗车 ϕ42mm、ϕ36mm、ϕ32mm 台阶,各留加工余量 1mm;

(4)精车 ϕ42mm、ϕ36mm、ϕ32mm 台阶并倒角;

(5)车出退刀槽至要求;

(6)车出 M32 螺纹;

(7)调头,垫好铜皮,夹住 ϕ36mm 处并找正;

(8)钻出 ϕ23mm × 25mm 底孔;

(9)粗车 1∶10 锥度大端直径,留加工余量 1mm;

(10)精车锥度及大端直径至要求;

(11)粗车 ϕ25mm 孔;

(12)精车 ϕ25mm 孔至要求并倒角;

(13)将工件卸下进行检验。

2 切削参数的确定

❶ 粗加工时切削用量的选择

(1)转数 $n=350\sim400\text{r/min}$;加工孔时:$n=350\sim400\text{r/min}$。

(2)背吃刀量(切削深度)$a_p=2.5\sim3\text{mm}$;加工孔时:$a_p=1\sim2\text{mm}$。

(3)进给量(走刀量)$f=0.2\sim0.35\text{mm}$;加工孔时:$f=0.1\sim0.2\text{mm}$。

(4)加工螺纹时,参照切削螺纹的切削用量。

❷ 精加工时切削用量的选择

(1)转数 $n=500\sim800\text{r/min}$;加工孔时:$n=450\sim600\text{r/min}$。

(2)背吃刀量(切削深度)$a_p=0.1\sim0.5\text{mm}$。

(3)进给量(走刀量)$f=0.03\sim0.08\text{mm}$。

四、车套类零件

加工图 8-4 所示的工件。

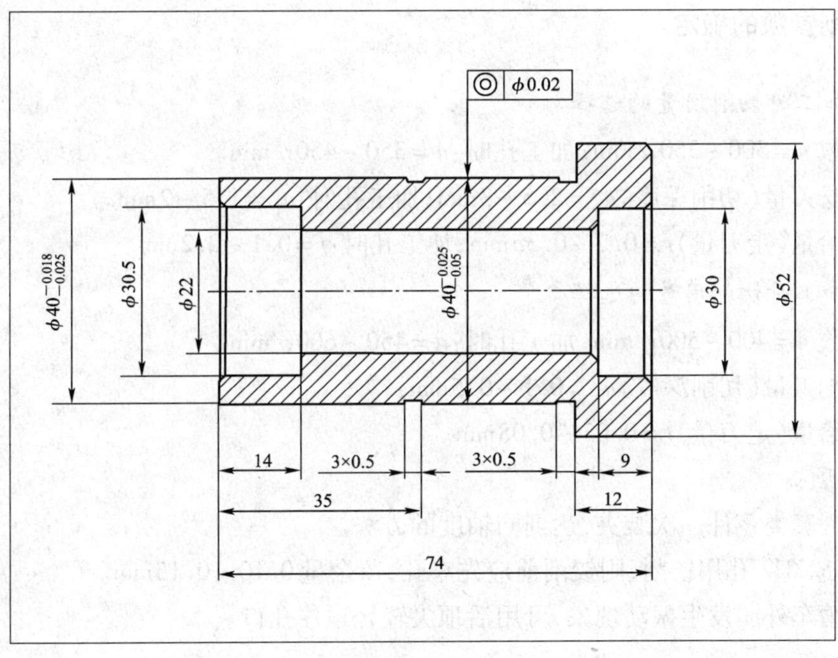

图 8-4　车套类零件

1 加工步骤

(1)用三爪自定心卡盘装夹 $\phi52\text{mm}$ 毛坯外圆,找正。

①粗车小端平面,车平即可;

②粗车台阶外圆 $\phi42\text{mm}$,长 62mm;

③钻通孔 $\phi20\text{mm}$;

④车台阶平底孔 $\phi28$mm，深 14mm，孔口倒角 1×45°；

(2)工件调头装夹台阶外圆 $\phi42$mm，找正。

①粗、精车端平面，保持总长 74.5mm；

②粗、精车大外圆 $\phi52$mm 全部；

③车台阶孔 $\phi30$mm，深 9mm；

④外孔口倒角 1×45°，内孔口倒角 1×45°，外圆倒角 1×45°。

(3)工件调头装夹 $\phi52$mm 外圆，找正。

①精车小平面，保持总长 74mm；

②车通孔 $\phi22^{+0.021}_{0}$mm；

③车台阶孔 $\phi30.5$mm，深 14mm；

④孔口倒角 1×45°，内孔口去毛刺。

⑤车退刀槽 3×0.5mm，割中间槽 3×0.5mm，保持尺寸 35mm；

⑥精车台阶外圆两个 $\phi40^{-0.025}_{-0.05}$mm 及 $\phi40^{+0.018}_{+0.025}$mm；

⑦外圆倒角 1×45°，大外圆去锐角。

(4)全部步骤完成后，对其进行检查。

2 切削参数的确定

❶ 粗加工时切削用量的选择

(1)转数 $n=300\sim350$r/min；加工孔时：$n=350\sim450$r/min。

(2)背吃刀量(切削深度)$a_p=2.5\sim3$mm；加工孔时：$a_p=1.5\sim2$mm。

(3)进给量(走刀量)$f=0.2\sim0.35$mm；加工孔时：$f=0.1\sim0.2$mm。

❷ 精加工时切削用量的选择

(1)转数 $n=400\sim500$r/min；加工孔时：$n=450\sim600$r/min。

(2)背吃刀量(切削深度)$a_p=0.1\sim0.5$mm；

(3)进给量(走刀量)$f=0.03\sim0.08$mm。

注意事项：

(1)掌握套类零件一次装夹，达到同轴度的方法。

(2)若 $\phi22$H7 孔用铰削，则铰削前应先车孔，留余量 0.10～0.15mm。

(3)若精车外园发生振动现象，可用活顶尖轻轻顶住孔口。

五、车削配合件

加工图 8-5 所示的工件。

加工图 8-5 所示的两件套配合件。材料：$\phi50$mm，长 150mm。其中：①装配后件 1 的 A 面与件 2 的 D 面之间配合间隙为 1±0.04mm；②装配后件 1 的 B 面与件 2 的 C 面之间配合间隙为 1±0.03mm；③锐角倒钝，表面粗糙度 Ra 为 1.6μm。切断刀宽 4mm。

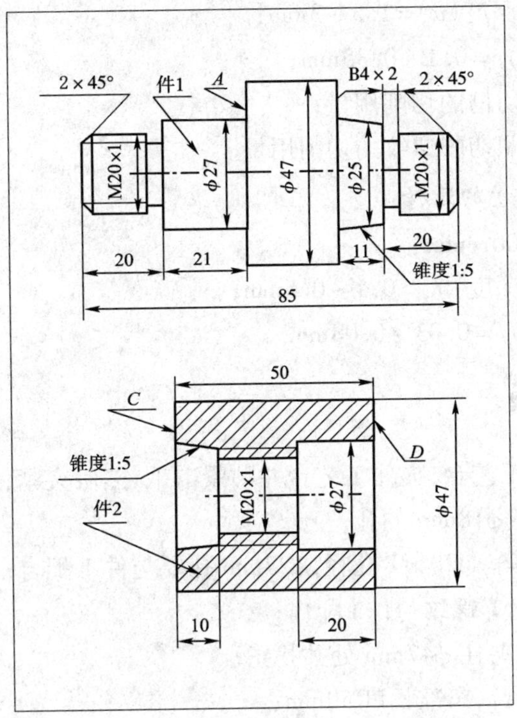

图 8-5　车削配合件

1 件 1 的加工步骤

(1)车平端面伸出长度 100mm;

(2)先加工左面;

(3)粗车 ϕ47mm×60mm、ϕ27mm、M20 台阶,外圆和长度各留加工余量 1mm;

(4)精车 ϕ47mm×60mm、ϕ27mm、M20 阶台,车至要求并倒角;

(5)车退刀槽 4×2mm;

(6)粗、精加工 M20×1 螺纹;

(7)切断工件,长度为 86mm;

(8)调头,垫好铜皮,夹住 ϕ27mm 处并找正;

(9)车平端面,工件总长度为 85mm;

(10)粗车 ϕ25mm、M20 台阶,外圆和长度各留加工余量 1mm;

(11)粗、精加工 1∶5锥度至图样要求;

(12)车退刀槽 4×2mm;

(13)粗、精加工 M20×1 螺纹;

(14)卸下工件检验。

2 切削参数的确定

1 粗加工时切削用量的选择

(1)转数 $n=350\sim400$r/min;

(2)背吃刀量(切削深度)a_p=1.5~3mm;

(3)进给量(走刀量)f=0.1~0.35mm;

(4)槽加工时,参照切槽的切削用量;

(5)螺纹加工时,参照切削螺纹的切削用量。

❷ 精加工时切削用量的选择

(1)转数 n=500~800r/min;

(2)背吃刀量(切削深度)a_p=0.1~0.5mm;

(3)进给量(走刀量)f=0.03~0.08mm。

3 件2的加工步骤

(1)车 ϕ47×10mm 工艺台,夹住工艺台并贴紧卡爪,然后夹紧;

(2)平端面,钻 ϕ17~ϕ18mm 的孔;

(3)加工右面,粗、精车 M20×1 孔径,ϕ27mm 孔要与件1配合;

(4)粗、精加工 M20×1 螺纹与件1配作;

(5)调头,垫好铜皮,夹住 ϕ47mm 处并找正;

(6)平端面去掉工艺台,车准长度 50mm;

(7)转动小滑板,车出 1:5锥度并与件1配作;

(8)倒角,将工件卸下进行检验。

4 切削参数的确定

❶ 粗加工时切削用量的选择

(1)转数 n=300~400r/min;

(2)背吃刀量(切削深度)a_p=1~2mm;

(3)进给量(走刀量)f=0.1~0.2mm。

❷ 精加工时切削用量的选择

(1)转数 n=450~600r/min;

(2)背吃刀量(切削深度)a_p=0.1~0.5mm;

(3)进给量(走刀量)f=0.03~0.08mm。

学生操作练习

学生操作练习图样如图 8-6~图 8-9 所示。

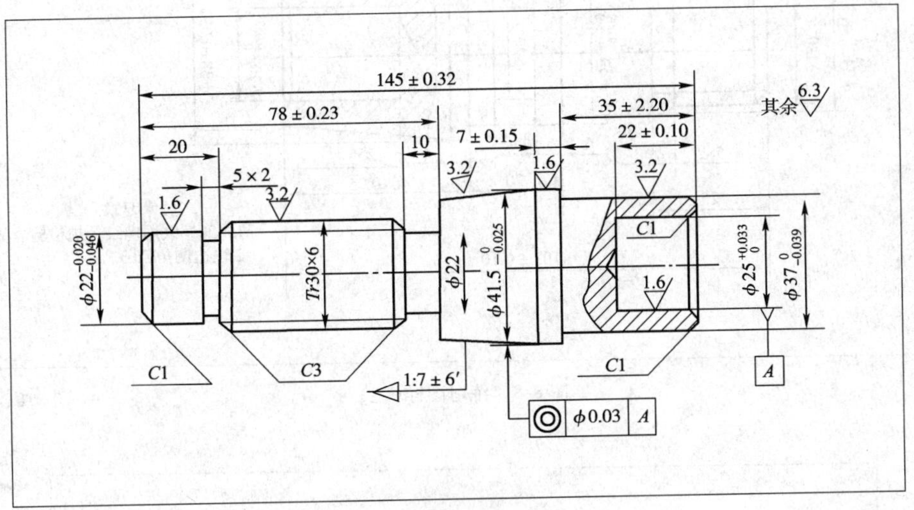

图 8-6　练习图样（一）

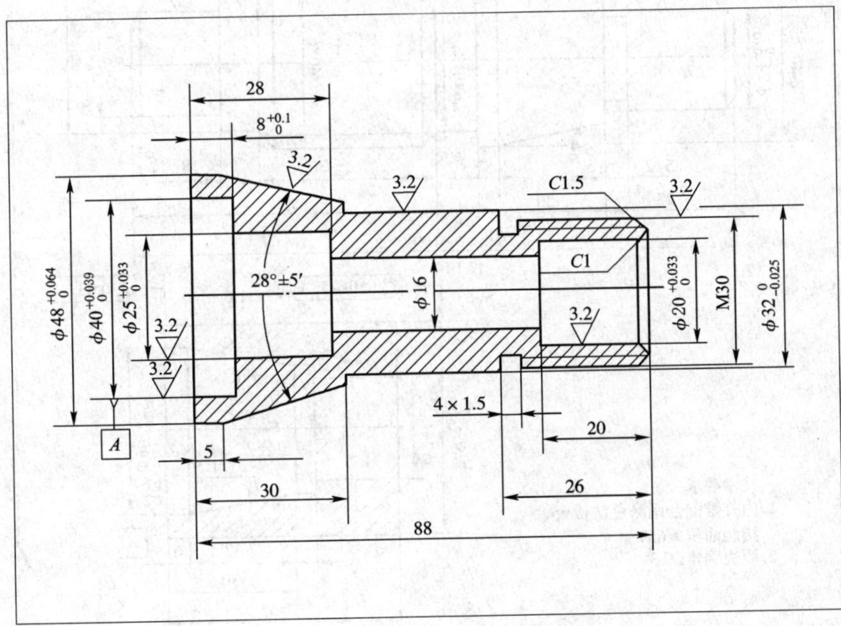

图 8-7　练习图样（二）

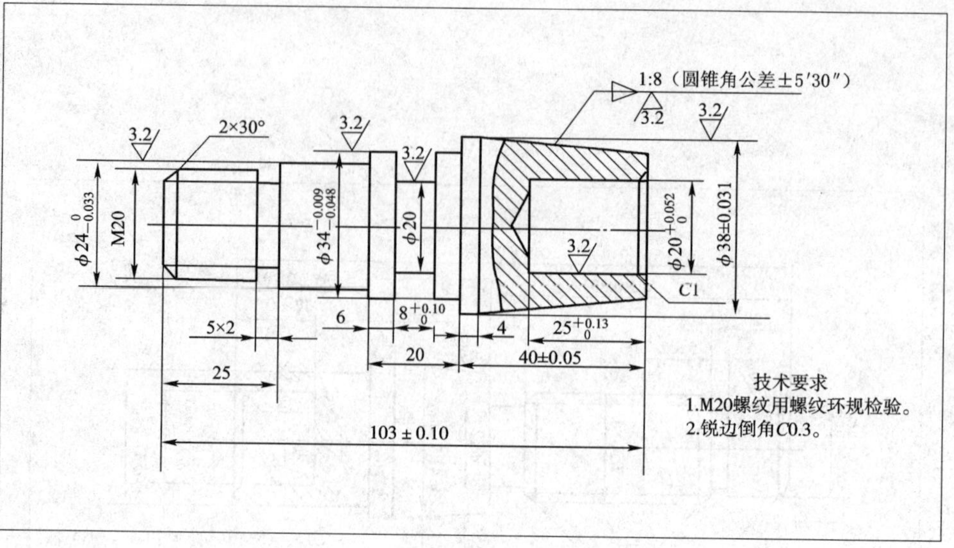

图 8-8 练习图样(三)

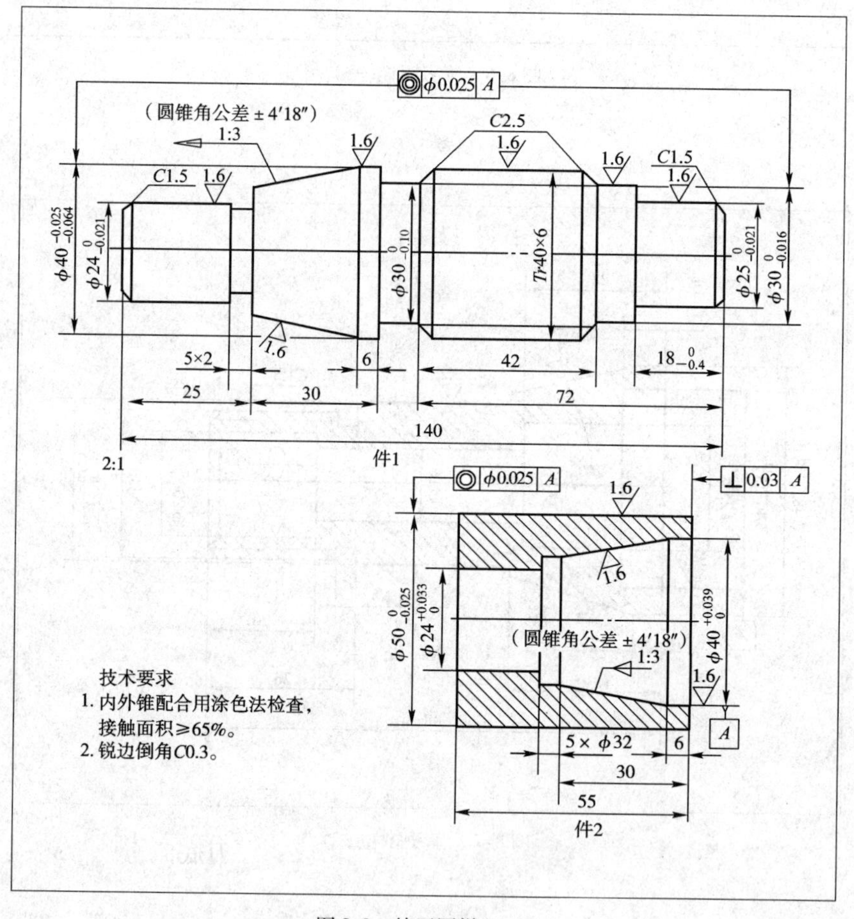

图 8-9 练习图样(四)

附录

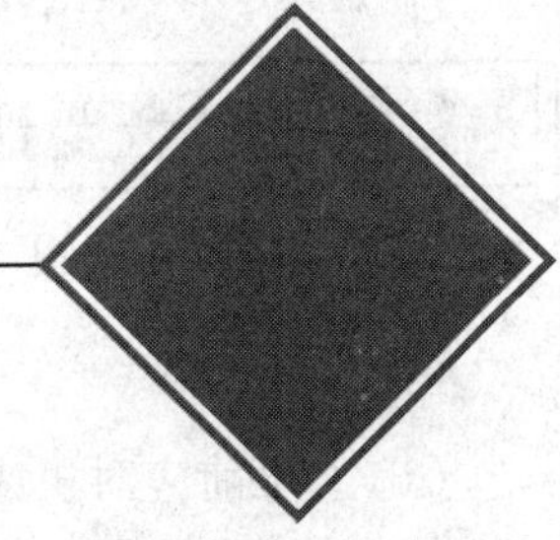

文明生产操作规程

车床使用的电源为380V,车削时卡盘与工件都是高速旋转的,车刀与工件相接触会产生铁屑,稍有疏忽,就会发生人身事故。所以,安全尤为重要。同学们在上实习课时必须先学习实习车间规章制度、车床安全操作规程,在实习过程中时刻把安全放在第一位,时时处处严格遵守安全操作规程和各项规章制度,严禁在车间打闹、避免人身事故发生。

一、车床文明生产操作规程

(1)找正工件时,只准用手扳动卡盘或开最低速找正,不准开高速找正。

(2)加工棒料时,棒料不得太长,一般以不超出主轴孔后端300mm为宜,并用木片在主轴孔内卡紧。如超过300mm,应用支架支撑,确认安全后方可加工,但不准开高速。

(3)加工偏重工件时,配重要加得恰当,紧固牢靠,用手转动卡盘检查无障碍后,再低速回转,确认配重符合要求,方可加工。

(4)用尾座顶针顶持工件时,尾座套筒的伸出量不准超过套筒直径的2倍,同时注意锁紧。

(5)用尾座装夹钻头钻孔时,不准用杠杆转动手轮进刀。

(6)装卸较重的工件时,要在床面上垫块木板,防止发生意外。

(7)装卸卡盘时,只准用手转动V带带动主轴回转,绝对禁止直接开动机床强制松开或拧紧,同时要在床面上垫块木板,防止发生意外。

(8)溜板作快速移动时,须在离极限位置前50~100mm处停止快速移动,防止碰撞。

(9)车刀装夹不宜伸出过长,车刀垫片要平整,宽度要与车刀底面宽度一致。

(10)车削外圆时,只准用光杠而不准用丝杠代动溜板进给。

(11)改变主轴回转方向时,要先停止主轴回转后进行,不准突然改变主轴回转方向。

(12)工作中不准用反车的方法来制动主轴回转。

(13)加工钢件改为加工铸铁件或其他有色金属件时,应将切屑彻底清除及擦净切削液。

加工铸铁件或其他有色金属件改为加工钢件时，应将切屑清除，彻底擦净导轨面并加油润滑。

(14)作高速切削时，必须注意：

①切削钢件要有断屑装置。

②必须使用活顶尖。

(15)大型车床的工件重量、转速，一定按使用说明书要求进行。

二、文明生产要注意的环节

1 开车前

(1)上班前应对机床加油；

(2)检查安全罩是否挂好；

(3)检查各手柄是否在正常位置。

2 装卸工件

(1)装夹工件要找正、卡紧，夹紧时可用接长套筒，禁止用锤子敲打，滑丝的卡爪不准使用。

(2)装卸卡盘及大的工具、夹具时，床面要垫木板。

(3)装卸工件后应立即取下扳手。

3 装夹刀具

(1)刀具要卡紧，要正确使用扳手，防止滑脱受伤。

(2)松紧刀具时要先紧刀架。切削时刀架必须紧固。

(3)工件、刀具装好后，要进行加工极限位置的检查。

4 开车时

(1)不准改变主轴转速，不准测量尺寸，不准用手摸旋转工件，不准用手拉铁屑。

(2)溜板箱上纵、横自动手柄不能同时抬起使用。

(3)精神一定要集中，不准离开机床。

(4)不准戴围巾、手套，不准穿拖鞋、凉鞋，均应穿长裤。长头发的应戴好安全帽。

(5)主轴箱、小刀架、床面不得放置工具、量具或其他物品。

5 下班前

擦净机床，放好工具、整好工件、清扫场地，拉下电闸。

6 发生事故时

一旦发生事故，应立即停车拉下电闸，保持现场，及时向有关人员报告事故原因。

参考文献

[1]王平,叶晓苇.车削工艺技术[M].辽宁:辽宁科学技术出版社,2009.

[2]薛峰.车工工艺与技能训练[M].北京:机械工业出版社,2008.

[3]郭溪茗,宁晓波.机械加工技术[M].北京:高等教育出版社,2002.

[4]马建宏.车工基本技术[M].北京:中国劳动社会保障出版社,2009.

[5]蒋增福,徐冬元.机加工实习[M].北京:高等教育出版社,2002.

[6]王瑞泉,张文健.普通车床实训教程[M].北京:北京理工大学出版社,2008.

[7]蔡晓东.车工工艺与技能训练[M].北京:北京理工大学出版社,2009.

[8]袁梁梁.车工快速入门[M].北京:北京理工大学出版社,2008.

[9]郭秀明,张富建.车工理论与实操[M].北京:清华大学出版社,2009.

[10]明立军,文恒钧.车工实训教程[M].北京:机械工业出版社,2007.

[11]段晓旭.普通车床操作与加工实训[M].北京:电子工业出版社,2008.

[12]曹奇星,赵军华.普通车削加工操作实训[M].北京:机械工业出版社,2008.